创新2050：科学技术与中国的未来

中国至2050年重大交叉前沿科技领域发展路线图

中国科学院重大交叉前沿领域战略研究组

科学出版社
北京

内 容 简 介

本书是中国科学院“创新2050：科学技术与中国的未来”战略研究成果之一，集中探讨自然科学中的重大交叉前沿问题：宇宙起源、中微子、暗物质与暗能量的探索，量子世界的调控与信息、能源、材料技术新突破的探索，生命起源、进化和人造生命的探索，脑与认知科学及其计算建模的探索，以及作为定量研究与系统思维基本工具的数学研究与复杂系统的探索。路线图概要地阐述了以上五个重大交叉前沿领域的重要性、研究现状、发展态势和面临的挑战，提出了发展战略目标，分析了有关领域近期和中长期的发展战略及主要可能的突破，并为我国在这些领域的发展提出了若干政策建议。

希望本书对于我国从事相关交叉前沿学科科学研究、教学的科研人员、教师与学生能够有所帮助，对于政策制定部门能够起参考作用。

图书在版编目（CIP）数据

中国至2050年重大交叉前沿科技领域发展路线图/中国科学院重大交叉前沿领域战略研究组. —北京：科学出版社，2011

（创新2050：科学技术与中国的未来）

ISBN 978-7-03-029982-6

I. ①中… II. ①中… III. ①跨学科科学－发展战略－研究报告－中国 IV. ①G301

中国版本图书馆CIP数据核字（2011）第005651号

责任编辑：刘凤娟 鄢德平 / 责任校对：李 影

责任印制：钱玉芬 / 封面设计：王 浩

科学出版社出版

北京东黄城根北街16号

邮政编码：100717

http://www.sciencep.com

北京佳信达欣艺术印刷有限公司 印刷

科学出版社发行 各地新华书店经销

*

2011年2月第 一 版 开本：889×1194 1/16

2011年2月第一次印刷 印张：13

印数：1—8000 字数：135000

定价：78.00元

（如有印装质量问题，我社负责调换）

“创新2050：科学技术与中国的未来”战略研究组织

总负责

路甬祥

战略总体组

路甬祥　白春礼　施尔畏　方　新　李志刚　曹效业　潘教峰

重大交叉前沿领域战略研究组

组　长： 于　渌　郭　雷

成　员：

秦　波　中国科学院国家天文台
武向平　中国科学院国家天文台
邢志忠　中国科学院高能物理研究所
李　淼　中国科学院理论物理研究所
张鹏杰　中国科学院上海天文台
赵宏武　中国科学院物理研究所
赵国屏　中国科学院上海生命科学研究院
王　文　中国科学院昆明动物研究所
熊　燕　中国科学院上海生命科学研究院
赫荣乔　中国科学院生物物理研究所
史忠植　中国科学院计算技术研究所
于　渌　中国科学院物理研究所
傅小兰　中国科学院心理研究所
刘　力　中国科学院生物物理研究所
卓　彦　中国科学院生物物理研究所
路惠民　中国科学院生物物理研究所
刘　缨　中国科学院生物物理研究所
马　丽　中国科学院生物物理研究所
郭　雷　中国科学院数学与系统科学研究院
高小山　中国科学院数学与系统科学研究院
陈志明　中国科学院数学与系统科学研究院
巩馥洲　中国科学院数学与系统科学研究院
韩　靖　中国科学院数学与系统科学研究院

刘润球　　中国科学院数学与系统科学研究院
汪寿阳　　中国科学院数学与系统科学研究院
张纪峰　　中国科学院数学与系统科学研究院
章祥荪　　中国科学院数学与系统科学研究院
周向宇　　中国科学院数学与系统科学研究院

总　序*

中国的现代化是人类现代化进程中的大事件、大变革。中国科学院决定面向中国现代化进程开展重要领域科技发展路线图研究，这项工作的思路和起因究竟是怎样的？是不是有道理？是不是应该做？我觉得这是很基本、很重要的。

一、开展中国至2050年重要领域科技发展路线图研究的重要性

温家宝总理亲自担任组长，全国两千多位专家直接参加，经过两年多的工作，制定了到2020年的国家中长期科技发展规划纲要。所以，到2020年以前中国科技发展已经有了蓝图。那么，为什么还提出研究我国至2050年重要领域科技发展路线图这样一个问题呢？

2007年夏季，在研究中国科学院未来科技发展战略重点时，我们感到有一些问题必须要从更长远考虑，比如能源问题。能源问题过去也有15年的战略研究，但是主要还是研究如何利用好煤，怎样开发利用好国内外两种油气资源，怎样能够有限地发展核能，对可再生能源只是作为一种补充性的、方向性的能源，并没有将其摆到未来能源支柱的位置上。近年来，世界各国越来越关注温室气体排放问题，应对全球气候变化成为重要议题，这背后其实主要还是能源结构问题。这就使我们认识到，必须高效清洁利用化石能源，以减少对环境的影响，但是，化石能源

* 该总序为路甬祥院长在2007年10月中国科学院组织的“中国至2050年重要领域科技发展路线图”第一次交流研讨会上的讲话。文字略有删减。

时代终究要过去，悲观估计有100年左右，乐观估计还有200年左右。油气资源可能首先逐步走向枯竭，然后是煤资源。人类不得不走向以可再生能源为主体、核能为补充的能源体系。现在各国政府都在积极准备，欧洲走得最快，美国现在态度也有变化，就是在利用好化石能源的同时，加大对可再生能源的开发力度，加大对先进核能的研究开发力度，逐步向可再生能源方向过渡。这个时间跨度可能50年，也可能100年。由此带来的科学技术问题非常多，譬如在基础研究领域，物理学家、化学家、生命科学家要研究新一代的光电池、染料敏化电池、高效的光化学催化和储存、高效的光合作用物种，或者通过基因工程创造高效的光合作用物种，而且这种生物物种又不与粮油争土地争水分，能够利用坡地、盐碱地或者半干旱土地等生产人类所需要的能源。同时，未来能源的整体结构要发生改变，现在能源是比较稳定的系统，以后可能是大量的不稳定系统，可能要发展分布式能源体系，发展更高效的直流传输和储能技术，解决网络的控制、安全、可靠性问题，还要解决二氧化碳捕捉、储存、转化、利用方面的问题，这里面隐含着大量的科技问题，几乎涉及所有学科。所以，能源问题引起的从基础到应用方面的研究，整体的、结构性的变化和冲击恐怕是很普遍、很大的，而这个时间跨度是50年或者100年。以核能为例，从布局到重大技术突破往往需要20年乃至更长时间，而商业化大规模应用也大致需要20年乃至更长时间。如果我们现在不前瞻布局，未来就会落后。法国已经做到第三代、第四代裂变能核反应堆，制定了到2040年、2050年的路线图。我们还没有认真做。为国家利益着想，中国科学院应该考虑这些问题，应该做前瞻的研究工作。

这次战略研究中涉及的十几个领域，只考虑近期或者中近期是不够的。比如农业，在过去，我们考虑要增产，后来讲优质，主要还是讲粮食和农副产品；在未来，肯定要走生态高值农业之路，需要多样化技术才能满足。日本、丹麦等发达国家开始用畜牧业来做生物反应器和农药，日本开始用植物来做生物反应器，它比用动物来做更安全、成本更低。用无菌暖房种番茄、草莓、马铃薯等典型物种，通过转基因技术来生产高附加值产品。中国农业不仅要解决十几亿人口的粮食问题，也要考虑农副产品的增值问题，考虑农业的高技术发展问题。未来的农业还要生产一部分能源和工业所需要的原料，未来人类生存发展所需要的大量的材料可能从农业来。这些前瞻性的问题，现在一些发达国家已经在做，而我们过去考虑得不够。

还有人口问题。当年中国人口政策的失误要纠正过来，要到21世纪末才有可能回归到10亿左右人口，其带来的老龄化问题则很可能到22世纪才能得到化解。现在人口健康也面临许多新的挑战，我们是否现在就要研究未来50年应该采取的一些对策，13亿或15亿人口怎么能够享受到公平的、基本的公共卫生和医疗保障？必须发展先进的能够普及的健康科学和诊断治疗保健技术。随着社会进步和环境改善，发达国家的主要疾病从感染性疾病逐步转变为变异性疾病、代谢性疾病，研究重点也随之发生转变。很多问题世界上也没有解决，要从基础研究做起。

空天海洋是未来人类新拓展的发展空间和重要资源。在空天领域大家比较关注的有载人航天计划、嫦娥计划，可以做20年或25年。中国的空间技术究竟要走什么道路、什么目标？是不是走发达国家走过的老路？值得我们认真研究。现在空间运载工具的主流技术基本是化学燃料发动机推力火箭，以后的深空探测，是否还依靠化学燃料发动机？还是要发展新的等离子推进、核能推进、太阳风动力推进技术等？过去，这些问题只有少数科学家在想，我们在整体上没有战略性的前瞻研究和部署。海洋有丰富的矿产资源、油气、天然气水合物，还有大量的生物资源、能源，包括无光照条件下生物进化过程，都值得我们去探索。最近有许多国家出台了新的海洋战略规划，俄罗斯、加拿大、美国、瑞典、挪威都已加入争夺北极的行列。这方面我们有一点规划，但是很有限。

在国家与公共安全领域，安全的概念也在发展，包括传统安全与非传统安全，传统安全主要是外族入侵、战争威胁，现在的安全问题有自然原因的、人为原因的、外部的、内部的，还有生态的、环境的，网络发展以后，虚拟的安全问题也出现了。要从人类文明历史的长河角度观察分析矛盾的起因，从科技进步的角度提供解决问题的手段和方法，注重消除危及安全的根源，要在解决矛盾的同时更加珍惜生命。

总之，从面向未来中国的发展、面向未来人类的发展看，都需要我们开展前瞻的战略研究。过去250年工业化的发展，只解决了不到10亿人口的现代化问题，主要集中在欧洲、北美、日本和新加坡。今后50年，可以肯定的是，包括中国十几亿人口在内，至少有20亿、很可能有30亿人口，通过实现小康走向现代化，比过去250年要多2至3倍，这将为世界发展注入新的动力和活力，但也必然对地球的有限资源和生态环境带来新的挑战。需要找到新的发展模式，才能使生活在地球上的人类能够公平地分享现代文明的成果。这就要求我们要面向中国现代化建设进程，前瞻思考世界科技发展大势、前瞻思考人类文明进步的走向、前瞻思考现代化建设对科技的新要求，研究制定未来50年重要领域科技发展路线图，理清其中的核心科学问题和关键技术问题及其实现途径，为国家科技战略决策提供依据。

二、制定中国至2050年重要领域科技发展路线图的可能性

过去有一种观点认为，科学很难预见，它是随机发生的，主要依靠科学家的创造性思维；技术可以预见，但是有人说最多可以预见15年。我们做了一些思考，看来适当地前瞻领域方向还是可能的。比如，需求推动下的能源问题。随着化石能源的枯竭，更多的聪明人就想，要解决高效的太阳能薄膜材料和器件，要筛选或发展新的物种，把太阳能转化为高生物量。因为需求的推动，有更多的资源投入到这些方向，所以可以预见，在未来的50

年，可再生能源领域、核能领域一定会有新的突破性进展，大方向也是确定无疑的。比如，在太阳能方面，就是提高光电转化效率、光热转化效率。但具体技术路径可能有多种，如可能通过改变太阳能电池表面的形貌，经过反射能够更高效地全光谱吸收；可能把功能性薄膜建成多层，有透射有吸收；还有可能采用纳米技术、量子调控等。过去我们考虑量子调控，主要是要解决以后的信息功能材料，这是不够的，是否要有相当一部分量子调控的研究转移到能源问题上来，或者以能源为背景开展基础前沿的探索。

在计算机领域，我们过去的习惯是跟踪，现在我们要有信心前瞻，考虑未来的发展。这是可能的，并不是胡思乱想。要组织信息科技专家与物质科学和生命科学专家共同思考，进行前瞻性的探索。2007年诺贝尔物理学奖授予巨磁阻的发现者，现在这项技术已经用在硬盘存储上了，而这一发现是在20年前做出的。我们的初步结论是，做长周期的前瞻，做突破常规的科学思考和技术预见是可能的，通过战略研究，在长远目标指导下制定路线图也是可行的，比如说，到2020年为一个阶段，到2030年或2035年为一个阶段，然后再前瞻到2050年。

我们还可以分析其他领域，都能找到可能性。最重要的是要解放思想，当然也要尊重客观规律，不能胡思乱想。党的十一届三中全会确定了解放思想、实事求是的思想路线，中国才有今天的发展。我们就是要打破条条框框的束缚，根据中国的实际来探索发展的道路。科技发展的历史也无数次证明，只有不断地前瞻，不断地解放思想，打破已有常规，才有可能促进新的发现和新的突破。确定方向和领域，加大在这方面的支持强度，吸引更多的优秀科学家投入相关研究，这与需求牵引和自由探索并不矛盾。

三、中国科学院开展中国至2050年重要领域科技发展路线图研究的必要性

为什么我们要发起这项研究？中国科学院是国家科研机构，要作基础性、前瞻性、战略性贡献，要发挥骨干和引领作用，不往前思考怎么引领？从中国科学院自身发展来看，也很有必要，要以发展的眼光，站在世界科技发展的前沿，来思考知识创新工程三期以后做什么，是按着惯性走？还是想着国家民族的未来，在各领域提出我们的见解，逐步调整我们的结构，改革体制，把中国科学院创新能力提到一个新的发展阶段，把我们的科学使命、技术使命提到新的高度？显然，后者是积极的、有希望的、必须的。世界科技发展日新月异，在全球经济发展的态势下，如果不发展就会落后，如果不前瞻就会失去先机。我们做科技创新，必须不断地团结奋斗，打破陈规，不受干扰，不僵化，不停滞，这也是我们自身发展的需要。

这次路线图研究要站在国家和全局的角度，使这些战略研究报告成为国家更长远的发展规划的重要内涵，所提出的目标不一定是中国科学院都可以做的，我们不能包打天下。我们可以选择一些有能力做的进行前瞻布局，到时候就很自然地形成2010年以后中国科学院各个领域的发展目标和发展重点，很自然地形成我们改革调整的方向。

如果把长远目标和路线图搞清楚了，实现它还是要有体制机制、人才队伍、资源来源与配置等的保证。我们还要研究未来30～50年世界的创新体系和机制究竟会发生什么变化？是不是还是由大学、研究机构、企业组成？研究所会不会发展成为网格式的结构？基础与高技术融合的前沿研究、前沿研究与产业化迅速过渡与衔接的转化型研究，会不会在某些领域发展成为主流？未来创新体系的人才构成与人才激励机制、更新机制有什么新的发展变化？创新资源的投入来源与结构会有什么变化？如果我们把这些问题搞得比较清楚、比较前瞻，而且大胆地在某

些研究所进行试点，就可能走出一条有竞争力的、有更好发展态势的路子来。

社会的变革是无止境的，科技各领域也有无止境的前沿，创新体制与管理也要不断发展。中国科学院不能停止，必须要前进，科学技术要前瞻，组织结构、人才队伍、管理模式、资源结构也要前瞻，这样我们才能始终站在时代的前沿，不断发挥在国家创新体系中的骨干和引领作用，有些领域在国际上起引领作用也不是不可以设想的。这是我们这次组织科技路线图战略研究基本的出发点。

路甬祥

总 前 言

中国科学院是国家科学思想库，为国家科技战略决策提供科学依据、引领中国科学技术的发展，是我们的重要责任。

2007年7月，路甬祥院长提出："看来在创新为科学发展观落实这一大题目之下，还要深入进行战略研究，刻画出未来20～30年的路线图（Roadmap）和关键科技创新领域来。并组织院内外专家深入讨论，进一步凝聚创新方向和目标。我们再也不能只讲自由探索，只讲论文数量和质量，只满足于'PI制'模式了。必须根据国家社会未来发展需求，尤其是经济持续增长和竞争力提升，社会持续和谐发展，生态环境持续进化和人类社会相协调的重点目标出发进行研究和归纳。"

2007年7月，中国科学院院务会议决定，根据国家社会未来发展需求，从经济持续增长和竞争力提升、社会持续和谐发展、生态环境持续进化与人类社会相协调等三大目标出发，开展面向未来的科技发展路线图战略研究。

2007年8月，路甬祥院长进一步提出："战略研究看来还是要前瞻研究2050年世界、中国、科技。一是研究2050年的世界，分别从经济、社会、国家安全、生态与环境、科学技术进行前瞻，尤其要研究能源、资源、人口、健康、信息、安全、生态与环境、空间、海洋等，预测未来，了解面临的机会和挑战。二是研究未来2050年我国经济社会发展的前景和挑战，包括：经济结构、社会发展、能源结构、人口健康、生态与环境、国家安全、创新能力等应达到的目标和实现途径，科学技术需要给予的支持。三是研究科学发展对科学技术的指导作用，包括以人为本、科学与技术、科技与经济、科技与社会、科技与生态环境、科技与文化、自主创新与开放合作等。四是研究科技对科学发展的支撑作用，包括支撑经济结构优化和增长方式的转变，农业发展、能源结构、资源节约、循环经济、知识社会，人与自然的和谐协调，区域发展的协调，和谐社会和国家安全，国际交流与合作。在此基础上再进一步明确我院的定位和职责。”

其后，中国科学院启动并组织开展了中国至2050年重要领域科技发展路线图战略研究，分18个领域进行，包括：能源、水资源、矿产资源、海洋、油气资源、人口健康、农业、生态与环境、生物质资源、区域发展、空间、信息、先进制造、先进材料、纳米、大科学装置、重大交叉前沿、国家与公共安全。该项研究集中了中国科学院300多位高水平科技、管理和情报专家，其中包括近60名院士，涉及80多个研究所。

经过历时一年多的深入研究，各领域研究组取得了实质性重大进展，基本理清了至2050年中国现代化建设对重要科技领域的战略需求，提出了若干核心科学问题与关键技术问题，从中国国情出发设计了相应的科技发展路线图，形成了18个领域中国至2050年科技发展路线图的战略研究报告。在此基础上，路甬祥院长领导战略总体组和起草组完成了《迎接新科技革命挑战，支持科学与持续发展》的战略研究总报告。这些研究报告将以“《创新2050：科学技术与中国的未来》中国科学院战略研究系列报告”的形式陆续出版。

这次战略研究的鲜明特色是采用了科技路线图的方法。科技路线图研究有别于一般的规划和技术预见，它包含了满足未来发展需求的科学和技术，以及实现这些目标所选择的路径，描绘环境变化、研究需求、科技发展方向、创新轨迹、技术演进等。以路线图为基础的科技规划，科技目标更加清晰，与市场的结合更加紧密，选择的方向、项目间更有内在联系和更加系统，实现目标的途径更加明确，规划的操作性更强。我们借鉴国际上制定路线图的方法，吸纳我国进行科技战略规划的成功经验，在研究实践中形成了制定重要领域科技路线图的系统方法。

一是建立重要领域科技发展路线图战略研究的组织体系。成立战略总体组，路甬祥院长总负责，白春礼、施尔畏、方新、李志刚、曹效业、潘教峰参加。成立总报告起草组，负责总报告的研究与撰写。规划战略局作为主管部门，具体负责路线图研究的组织与协调，通过组织研究队伍、明确节点目标、提出任务要求、提供研究方法、组织集中研讨、进行独立评议、参与研究工作等方式，保证了重要领域科技发展路线图战略研究工作的顺利开展。

二是明确重要领域科技发展路线图的基本要求。集中从国家层面考虑问题，分近期(2020年前后)、中期(2030年前后或2035年前后)、长期(2050年前后)三个阶段，描绘相关领域的需求、目标、任务、途径，重点刻画核心科学问题和关键技术问题，总体上体现方向性、战略性、一定的可操作性。提出路线图研究的基本框架。

三是组织好重要领域科技发展路线图战略研究队伍。建立集战略科技专家、一线中青年专家、情报专家和管理专家为一体的专题研究组持续开展研究。选择具有战略眼光、强烈的责任心和组织协调能力的战略科学家作为研究组负责人，把握好研究的整体和方向。在主要方向上，选择一线高水平科技专家作为骨干，使战略研究工作建构在最前沿研究基础之上。各研究组均配备文献情报专家，采用数据挖掘与分析等战略情报工具，提高研究效率和系统性。参加研究的科技管理专家着重开展国家战略需求和可操作性研究。

四是建立多层次、经常化交流研讨机制。将交流研讨作为确定研究节点和推动研究工作的抓手。组织开展了五个层次的交流研讨，包括：第一，集中交流研讨。2007年10月、12月和2008年6月组织了三次交流汇报会，18个领域研究组负责人和主要科技专家、中国科学院相关院局领导参加，相互交流、相互促进、寻求共识，进一步明确研究方向。路甬祥院长在三次研讨会上，系统阐释了路线图研究的重要性、必要性和可能性等，并对各研究组的研究工作进行点评，有力地促进了研究工作的深入开展。第二，专题研讨。战略总体组组织相关研究组的战略科技专家，围绕我国八大经济社会基础和战略体系的构建进行专题研讨，着重刻画了至2050年依靠科技支撑我国现代化进程的宏观图景、八大体系的特征与目标，提炼出影响我国现代化进程的22个战略性科技问题。第三，研究组层面的交流研讨。各领域研究组根据具体领域内容又分成若干研究小组，通过集中研讨、分小组研究、综合集成等形式，组织本组专家深入研究。一些研究组在集中研讨时还根据研究主题，吸收相关领域的专家参加研讨。初步统计，研究组层面的集中交流研讨约70次。第四，相关研究组之间交流研讨。采取相关研究组自发组织和规划战略局协调组织等方式，组织跨领域、跨研究组的交叉研讨，使相关领域的研究相互协调。第五，一些研究组以召开领域发展战略研讨会等方式，吸纳国内外专家的意见。

五是建立重要领域科技发展路线图评议机制。为保证各领域战略研究报告的质量，加强相关领域的协调，2008年11月，规划战略局组织了重要科技领域发展路线图战略研究评议工作，近30位评议专家和50位研究组专家参加研讨。评议分资源环境、战略高技术、生物科技和基础研究等4个大组进行，评议专家听取了相关研究组的报告，对报告的总体情况、创新点、存在的问题进行了评议，并提出了许多建设性意见和建议。评议结果形成书面评议意见，反馈给相关研究组修改。

六是建立重要领域科技发展路线图持续研究的机制。从路线图研究的特点看，为适应世界科技和国家需求的迅速变化，需要持续研究，3～5年修订一次。为此，需要从组织和队伍上保持一批战略科技专家持续关注和研究国家长远发展的重点科技领域和重大科技问题；同时，在持续战略研究中，培养和造就更多的战略科技专家。

这套系列报告是中国科学院立足当前、展望未来、凝聚专家智慧的报告，体现了一丝不苟、严谨求实的治学作风。在此，向参与研究和咨询评议的专家表示衷心的感谢。正是他们的辛勤劳动和共同努力，才使得这套系列报告在一年多的时间内就得以公开出版、与社会见面。

准确预见未来发展是一件令人激动而又相当困难的事情。这次战略研究涉及领域众多、时间跨度大、研究方法新，加之认识和判断本身上的局限性，系列报告还存在不足之处，欢迎国内外各方面专家、学者不吝赐教。需要说明的是，报告中提到的未来50年是指到21世纪中叶。

系列报告的出版，不是研究的终点，而是新的起点，我们将在此基础上持续深入开展重要领域科技发展路线图战略研究，并适时发布研究成果，每5年修订一次相关领域科技发展路线图，为国家宏观科技决策提供科学建议，为科技管理部门、科研机构、企业和大学等进行科技战略选择提供参考，使社会和公众更好地了解科技对我国现代化建设至关重要的作用。

总报告起草组

2009年2月

前　言

为更具有前瞻性地思考与谋划我国和我院未来的科技发展战略，中国科学院根据国际科技发展趋势与我国实际情况部署了至2050年我国十八个重要科技领域的发展路线图战略研究。重大交叉前沿是十八个领域之一。

为了本路线图的编写，中国科学院成立了“重大交叉前沿领域战略研究组”，由于渌、郭雷任负责人。研究组经过认真讨论，确定重大交叉前沿科技领域发展路线图包括自然科学中公认的重大交叉前沿问题：宇宙起源、中微子、暗物质与暗能量的探索，量子世界的调控与信息、能源、材料技术新突破的探索，生命起源、进化和人造生命的探索，脑与认知科学及其计算建模的探索，以及作为定量研究与系统思维基本工具的数学研究与复杂系统的探索。

本路线图的编写历时一年半。本研究组通过多次召开研讨会、参加中国科学院组织的交流会、评议会，听取相关专家对路线图的意见，最终形成了路线图稿件。其中宇宙起源、中微子、暗物质与暗能量部分主要由秦波、邢志忠、李淼、武向平、张鹏杰负责；量子世界的调控与信息、能源、材料技术的新突破部分主要由于渌、赵宏武负责起草，向涛、孙昌璞、魏志义、刘伍明参加审定；生命起源、进化和人造生命部分主要由赵国屏、王文、熊燕负责；脑与认知科学及其计算建模部分主要由赫荣乔、史忠植、傅小兰、刘力、卓彦、路惠民、刘缨、马丽负责；数学与复杂系统部分主要由郭雷、高小山、陈志明、巩馥洲、汪寿阳、张纪峰、章祥苏、周向宇、韩靖、刘润球负责。国家科学数字图书馆的张秋菊博士为路线图的编写提供了丰富的素材。

在路线图的编写过程中，我们努力准确把握当代科学发展趋势、我国的战略需求与世界各国特别是欧美各国在重大交叉前沿方面所作的部署，结合我国科学发展的实际情况，提出我国在重大交叉前沿科技领域的路线图。希望通过对这些自然科学重大交叉前沿问题的历史与研究现状分析，为我国在这些领域的研究提供发展路线图与政策建议。根据中国科学院规划战略局对路线图编制的要求，我们努力使路线图具有方向性、战略性与一定的可操作性，刻画清楚核心科学问题和关键技术问题。对问题的需求、目标、任务与解决问题的途径力求进行明确的描述，并分析近期、中期、长期的发展态势与主要可能的突破。

应该说明的是：科学是不可预测的，重大成果的涌现具有相当的偶然性。我们虽然力图在整体上指出相关学科的发展趋势，但是路线图所涉及的某些内容不可避免地会随着时间的推移以及科学与社会的发展进行调整。

中国科学院重大交叉前沿领域战略研究组

2010年4月1日

目　录

摘要

本路线图包括自然科学中的重大交叉前沿问题：宇宙起源、中微子、暗物质与暗能量的探索，量子世界的调控与信息、能源、材料等技术新突破的探索，生命起源、进化和人造生命的探索，脑与认知科学及其计算建模的探索，以及作为定量研究与系统思维基本工具的数学研究与复杂系统的探索。

路线图概要地阐述了以上五个重大交叉前沿领域的重要性、研究现状、发展趋势、面临的挑战、发展战略与目标，重点介绍了发展战略重点，给出了一些领域至2050年的发展战略思路。

路线图的主要内容包括：

宇宙起源、中微子、暗物质与暗能量的探索。过去的十多年，由于实验和观测手段的提高，尤其是空间天文学的大发展，宇宙学进入了"精确宇宙学"的崭新时代。描述宇宙的基本参数的测量已达到百分之几的误差，许多过去悬而未决的重大问题已迎刃而解。但是，我们对宇宙的认识还很不充分。最新的观测表明，我们看得见摸得着的普通物质只占宇宙构成的4%，而宇宙的主要成分是暗物质(占22%)和暗能量(占74%)，我们完全不知道它们是什么。今天的物理学正处于一场重大变革的前夜。一百多年前，物理学天空的"两朵乌云"催生了相对论和量子力学。物理学经过百年的轮回，又一次处在了一个十字路口。揭开"暗物质、暗能量"之谜，将是人类认识宇宙的又一次重大飞跃，可能导致一场新的物理学革命。中国应抓住历史机遇，在这场物理学的伟大变革中有所作为。

量子世界的调控与信息、能源、材料等技术新突破的探索。作为20世纪两个最主要的科学发现之一的量子力学，以及许多新奇物态及量子现象的发现和研究，使我们对物质结构的认知前进了一大步，对20世纪高技术的发展作出了重大贡献。然而，人们主要停留在“观测”、“解释”自然现象的阶段。现在，人类已处在一个“调控时代”的崭新起点上。基于对微观世界的精细观测和深刻理解，可以逐步实现对构成物质的原子、分子，乃至电子的调控，逐个原子、逐个分子地生长晶体，可以探测和操控单个电子、单个光子、单个自旋等，可以按需要设计、合成新的材料，优化微观粒子间的相互作用，形成新奇的物态，如超导、超流、巨磁阻等。研究重点包括：量子态及其调控、精密测量、新的信息载体与量子信息、关联电子体系量子现象的调控等。这是人类对物质世界认识的一个新飞跃，其突破必将为能源、信息、材料等科学技术的发展开辟广阔的空间，意义不亚于量子力学的建立导致的20世纪的信息革命。我国应抓住这一战略机遇，加紧部署和研制先进光源、先进中子源、极端条件实验装置和微纳精密加工设备等，围绕重点方向，优选人才，持续支持，争取在5—10年内走到国际前列；再经过5—10年，取得重大原创性的科学发现，在可能发生的新技术革命中把握先机。

生命起源、进化和人造生命的探索。生命起源、进化是人类面临的古老的科学难题，也是具有宏大战略意义的科学前沿。研究生命起源和进化，能与研究人造生命的“合成生物学”结合，促进生命科学、信息科学、系统科学的交叉与发展。对生命起源、进化和人造生命关键问题的突破，可提高人类对自然规律的认识水平，也将产生一系列具有应用前景的新方法新技术，推动社会和经济的发展。近年来，“人造生命”是生命科学发展最激动人心的重大突破。科学家已经从最简基因组的认识，经过基因组导入，走到了基因组合成与可复制遗传物质的膜微粒“原细胞”合成的阶段，开辟了“合成生物学”这一新领域，为研究生命起源和进化开辟了整合的、精准实验的崭新途径，继古生物与分子进化研究以及外空生命迹象与孑遗环境生物发现之后，为解决这个基本科学难题带来了新希望。合成生物学建立在基因组学和系统生物学基础之上，以解析生命本质和创造人造生命为其核心科学问题，重点阐明简单生命特征解析、合成及改造，复杂生命体系分化、演化机理及人工改造，生命进化过程中环境与基因相互作用机理和应用。为此，要突破生物分子合成、整合和网络调控等关键技术。同时，还要关注“人造生命”的哲学理论和方法学、生物伦理、生物安全和环境保护等问题。这一领域起步不久但发展势头迅猛。我国应迅速部署，采取战略专项、建立重点实验室等方式，优选目标，集中队伍，建设高通量生物分子合成、结构解析和网络检测平台，力争用5—10年的时间，使我国在这一创新领域里走到世界的前列；再用5—10年的时间，取得一批原创性的成果，提高人类认识自然规律的水平，产生一系列具有应用前景的新方法新技术，推动经济和社会的发展。

脑与认知科学及其计算建模的探索。探索智力的本质，了解人类的大脑和它的认知功能是当代最具挑战性的基础科学命题之一。探索大脑信息加工的认知和神经机制，深入研究人的认知过程和基于人的认知机理的智能化信息处理方法，将对整个自然科学和技术科学产生深远和重大的影响。通过脑科学、认知科学与人工智能领域的交叉合作，加强我国在智能科学这一交叉领域中的基础性、独创性研究，解决认知科学和信息科学发展中的重大基础理论问题，带动我国经济、社会乃至国家安全所涉及的智能信息处理关键技术的发展，为防治脑疾病和脑功能障碍、提高国民素质和健康水平等提供理论依据，并为探索脑科学中的重大基础理论问题作出贡献。研究重点包括：围绕认知与行为的神经基础，开展认知的遗传学、分子细胞生物学、脑神经网络的工作机理等重要方向的研究；围绕记忆形成与储存，开展记忆的控制与相关神经机理、记忆增强与消除机制等方向的研究；围绕认知功能的脑定位和计算理论，开展知觉信息处理、意识的脑机制、社会认知、认知功能的计算建模和人工智能等方向的研究；围绕认知功能障碍，开展痴呆的发病机制、早期诊断、系统干预及有效药物的研究等。

数学的交叉、应用研究与复杂系统探索。复杂性科学或复杂系统的基本任务是探索复杂性，寻找复杂系统中蕴涵的科学规律。复杂系统研究的任何实质性进展，将会有力推动许多学科领域一些重要问题的解决，具有全局性和带动性。复杂系统主要包括自然界演化过程中形成的复杂系统、社会复杂系统、工程复杂系统等，涉及数学、自然科学、工程学、经济学、管理学和人文与社会科学等众多领域。研究内容包括：数学的重大核心问题，数学、系统科学与自然科学、工程技术和社会科学的交叉研究，复杂性科学探索。研究重点包括：重要的数学物理方程，生命科学中的数学方法，复杂系统的多尺度建模与计算，机器智能与数学机械化，随机复杂结构与数据的理论与方法，多个体复杂系统集体行为及其干预与控制、复杂网络系统、复杂自适应系统研究等。我国应对数学交叉应用研究与复杂性科学探索给予持续稳定的支持、建立国家级研究中心，力争在这一重要基础研究领域取得若干原创性和突破成果性，为相关学科的发展提供理论支撑。

第 1 章

绪 论

众所周知，自然科学研究以认识自然现象，揭示自然规律，获取新知识新方法为使命，是高新技术发展的重要源泉与内在动力，也是培养创新人才的摇篮。世界科学技术发展的历程证明了不同领域的交叉、渗透、融合在孕育重大科技创新、进而推动科学技术发展等方面起着日益重要的作用，这个趋势也将是21世纪科学技术发展的主流。科学研究的历史也证明了在学科的交叉点上往往会产生新的前沿和方向。例如，相对论、量子论、信息论与控制论的创立、现代计算机的诞生、计算机断层扫描技术（CT）的发明、经济学重要理论和模型的建立等，已成为20世纪数学、物理学、化学、生命科学、技术科学和经济学等交叉产生辉煌成果的经典例子。特别是近数十年来，各个科技领域的交叉和互相渗透更是达到了前所未有的广度与深度，并孕育着新的重大突破。开展交叉前沿研究，将促进众多学科的基本和关键的“瓶颈”问题的解决，为众多学科实现跨越式发展注入强大的活力。这将对我国整体科技创新水平的提高，原创性、突破性和关键性重大成果的产生，实现我国科学技术的跨越式发展起到不可替代的重要作用。

宇宙起源、物质结构、生命起源、智慧产生是当代自然科学的四个重大基本问题，“整体统一”的科学方法，应该是21世纪最重要的科学方法。本路线图试图在宇宙起源、中微子、暗物质与暗能量，量子世界的调控与信息、能源、材料等技术新突破，生命起源、进化和人造生命，脑与认知科学及其计算建模，数学的交叉、应用研究与复杂系统这五个方面，通过回顾发展历史，分析发展趋势，试图提出一些可能的发展方向，希望能对我国相关学科发展起到促进作用。

宇宙之大与粒子之微是物质世界的两个极端。茫茫宇宙是如何形成的？它如何演化？它是由什么构成的？宇宙的起源与构成自古以来就是人类非常关注的科学问题。过去的十多年，宇宙学经历了一个大发展的时期，人类对宇宙的认识有了极大的提高，宇宙学已进入了一个崭新的"精确宇宙学"时代。许多过去悬而未决的重大问题已迎刃而解，描述宇宙的基本参量已得到精准测量，其误差已低至百分之几！这在过去是难以想象的。这一切源于人类的技术进步及实验和观测手段的提高，尤其是空间天文学的迅猛发展。但是，当人们庆祝宇宙学的伟大成就的同时，却发现我们对宇宙的认识却如此之少！最新的观测表明，宇宙的主要成分是暗物质（占22%）和暗能量（占74%），而组成我们看得见、摸得着的世界的普通物质，只占宇宙的4%。就是说，人类目前的科学知识只描述了宇宙的4%，对其余的96%（暗物质、暗能量），我们完全不知道它们是什么。今天的物理学正处于一场重大变革的前夜。一百年前，物理学天空的"两朵乌云"催生了相对论和量子力学。物理学经过百年的轮回，又一次处在了一个十字路口。揭开"暗物质、暗能量"之谜，将是继哥白尼的日心说、牛顿的万有引力定律、爱因斯坦的相对论及量子力学之后，人类认识宇宙的又一次重大飞跃。

世界是由物质构成的，物质的结构层次是怎样的？是否存在最基本的粒子？人类改变、操纵物质结构的极限在哪里？物质结构的研究不仅是科学的重大挑战，还为人类的技术进步提供重要的物质基础。关于物质结构的研究导致了化学、物理学等基础学科的诞生，支撑了现代工农业、材料、能源、环境、卫生与信息产业的发展。可以说，物质结构的探索在保证人类的生存并不断提高人类的生活质量方面起着不可替代的作用。一个显著的例子是，对量子现象的研究，促进了许多先进技术的诞生，造就了信息时代的物质文明。从普朗克、爱因斯坦的量子假说，到海森伯、薛定谔的量子力学和费米、泡利的量子统计学，奠定了量子论，以此为基础产生了后来的核能、激光、半导体、超导体、超级计算机和网络等高新技术领域。量子现象的研究不仅已成为晶体管、超导磁体、固态激光器、高灵敏度辐射探测器等重大技术革新的基础，而且对通信、集成电路、计算机技术、信息处理和储存等高新技术起了关键作用。如今，已经发展到对量子态(电子、原子、分子和光子)进行精确的测量和多层次的调控。对原子、分子、凝聚态物质量子态的调控的研究不仅可能导致物质科学的进一步发展，还可能为信息技术的新突破提供理论基础，例如，实现量子计算、量子通信等。可以预期，对量子世界的调控也将导致能源、材料、环境等技术的新突破。

人是万物之灵，生命的起源和本质是什么？人类的智慧是如何产生、怎样发展的？是否可以在实验室里制造生命？是否可以使计算机具有智能？关于人类自身的科学研究起步较晚，更加困难，但也因此更富有挑战性。

生命究竟是怎样产生的？从何而来？何时而起？困扰了人类几千年。由于这些问题高度复杂，因而成为充满挑战的综合性前沿研究领域，是一项意义宏大的长期战略课题。几个世纪以来，科学家们试图从天文学、生物学、化学、古生物学和地质学等不同学科对这一问题进行探索。而正是由于生命起源的研究具有高度交叉性，对它的深入研究将广泛带动化学、生物、地质、考古、航天、数学及物理等一系列学科的发展；对其关键问题的突破不仅可以极大提高人类对自然规律的认识水平，也必将产生一系列新方法新技术，对社会、经济和科学发展发挥重要的推进作用。对生命起源的研究，有助于我们理解生命这一地球上最复杂的自然组织形式“从无到有”的起源历史和构成规律，从而成为进一步改造甚至合成生命的基石。而人造生命的成功，不仅将帮助我们解决生命的起源问题，还可以直接解决人类发展面临的若干重大挑战，譬如生产生物燃料、清理有毒废物、减少二氧化碳排放、培育人造器官、生产人造生物材料等。

探索智能的本质，了解脑结构及其认知功能，不但是脑与认知科学领域中的基本问题，也是过去、现在以及将来最具挑战性的科学命题之一。现代生物学、信息科学与相关科学技术的发展，为脑与认知科学研究提供了新的方法与工具。在分子及细胞水平对大脑活动进行分析，通过行为研究对相关基因功能加以验证，在不同层次上系统了解脑结构与智能的关系，将有助于脑与认知科学更快发展。同时，脑与认知科学的发展也推动了信息科学、医学生物学以及教育等相关领域的发展，如机器人环境感知、计算机视觉、图像识别与理解、语音识别与合成、自然语言理解与机器翻译等。脑与认知科学是心理科学、信息科学、神经科学、科学语言学、比较人类学以及其他基础科学相互交叉所形成的。学科领域包括知觉、注意、记忆、行为、语言、推理、抉择、思考、意识、情感动机及其生物学基础。脑与认知科学也涉及神经精神疾病的发病机制与防治，以及机器智能等方面的研究与应用。随着脑与认知科学的发展，新的学科分支也在形成，如分子认知科学以及社会认知科学等。

当今世界科学技术发展的趋势有两大显著特征，一是从定性研究到定量研究的逐步深化；二是多学科交叉综合的不断突破。前者显示了数学方法的基础性，后者表明了系统思想的关键性。数学与系统科学作为人类认识世界和改造世界的有力工具，在深度和广度上有力推动着当今科学技术的迅猛发展。未来科技发展很有可能在数学系统科学与信息科学、生物医学、物质科学、认知科学、环境科学、制造与材料及经济金融等领域的交叉点上形成新的科学前沿，产生新的重大突破。

近几百年来，自然科学在认识物质世界的客观规律，特别是深层次结构方面取得了辉煌的成就。在这一过程中使用的主要方法是简化归纳，自然科学本身不得不被分解为越来越多的学科。然而，人类在迈向21世纪时，复杂系统及复杂性科学问题变得日益突出。一方面，生命科学、物质科学、信息科学和社会科学中大量的关键科学问题属于复杂系统问题，在传统的以线性和还原论思想为主导的科学理论框架中难以解决。李政道教授指出“整体统一的科学方法，应该是21世纪最重要的科学方法”。近年来，人们已普遍认识到，在环境、资源、经济、人口、健康、灾害，甚至和平与安全等困扰人类生存和社会可持续发展的重大问题上，必须依靠多学科的交叉和综合来从整体上寻找解决方案。

应该说明的是：科学是不可预测的，重大成果的涌现具有相当的偶然性。我们虽然力图在整体上指出相关学科的发展趋势，但是路线图所涉及的某些内容不可避免地会随着时间的推移以及科学与社会的发展进行调整。另外，虽然科学研究是探索性的并且有一定的不可预见性，但针对重大研究方向与重大研究问题进行规划与超前部署，已经被世界各国广泛采用作为推动本国科技发展、提高国家竞争能力的行之有效的措施。因此，根据国际科学发展趋势与我国实际情况制定长期的重大交叉前沿科技领域发展路线图是十分必要的。中国科学院部署在几十年尺度上的重大交叉科学问题研究，毫无疑问，将会对消除我国目前普遍存在的浮躁心理和急功近利的做法，创造良好的创新文化环境起到引领作用。

为确保前沿交叉研究得以顺利开展，必须制定和完善更加有效的政策与保障措施。包括：保障对基础研究的经费投入，使得基础研究经费占R&D总经费的比例达到国际平均水平；坚持“以人为本”，营造“人尽其才”的良好环境，培养、引进和稳定基础研究高水平人才队伍；加强我国基础研究条件平台建设，在重大前沿交叉领域建立国家重大科技基础设施与国家研究中心；加强重大前沿交叉方面的国际合作与交流；营造有利于原始性创新的环境和文化氛围。科学探索是一种创造性活动，不可能有百分之百的成功率，基础研究更是难以预测、风险性强。只有鼓励探索、鼓励创新、宽容失败、善待失败，才能培育出勇担风险、勇攀高峰的价值观与创新意识强的领军人才，取得科学研究的跨越式发展。

第 2 章

宇宙起源、中微子、暗物质与暗能量

2.1 引言

过去的十多年,宇宙学经历了天翻地覆的变化,人类对宇宙的认识有了极大的提高。宇宙学已进入了一个崭新的时代——“精确宇宙学”时代。许多过去悬而未决的重大问题已迎刃而解,描述宇宙的基本参量已得到精准测量,其误差已低至百分之几!这在过去是难以想象的。这一切源于人类的技术进步及实验和观测手段的提高,尤其是空间天文学的大发展。

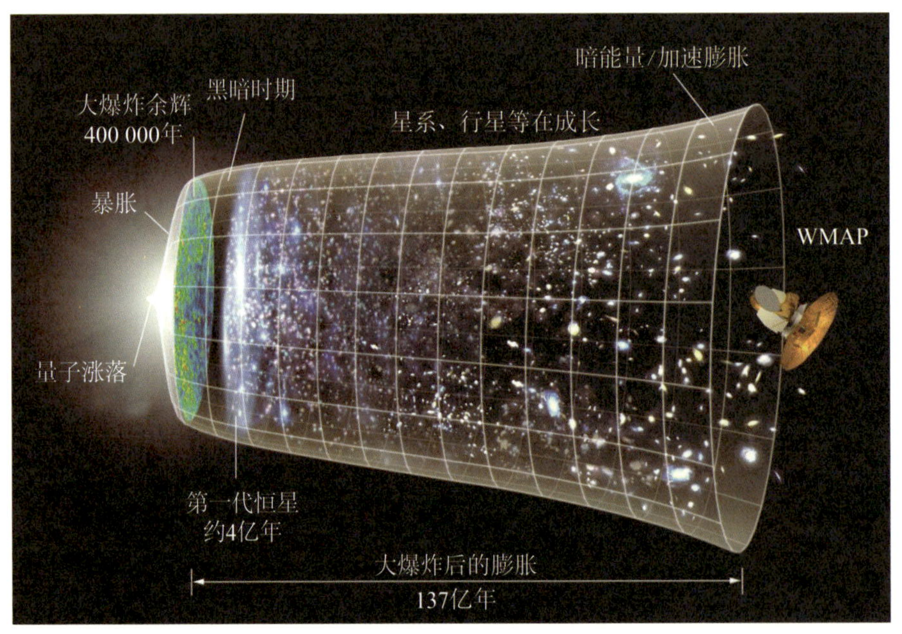

图2.1　宇宙从创生到今天的137亿年演化历史

（图片来源：NASA/WMAP Science Team）

但是，当人们庆祝宇宙学的伟大成就的同时，却发现我们对宇宙的认识却如此之少！最新的观测表明，宇宙的主要成分是暗物质(占22%)和暗能量(占74%)，而组成我们看得见摸得着的世界的普通物质，只占宇宙的4%。人类目前的科学知识只描述了宇宙的4%，对其余的96% (暗物质、暗能量)，我们完全不知道它们是什么(图2.2)。

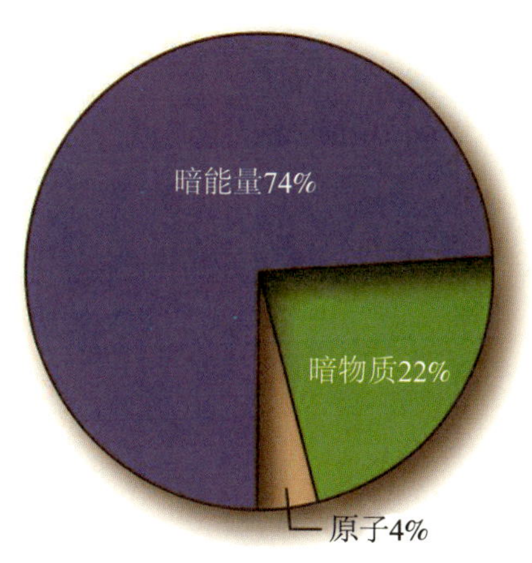

图2.2　今天宇宙的基本组分。在所有组分中，暗能量占主导地位，而在所有物质组分中，暗物质占了绝大部分。人类目前的知识，仅描述了宇宙的4%，对其余的96%，我们完全不知道它们是什么

今天的物理学正处于一场重大变革的前夜。100年前，物理学天空的“两朵乌云”诞生了相对论和量子力学。物理学经过百年的轮回，又一次处在了一个十字路口。揭开“暗物质、暗能量之谜”，将是继哥白尼的日心说、牛顿的万有引力定律、爱因斯坦的相对论以及量子力学之后，人类认识宇宙的又一次重大飞跃。

中国应抓住历史机遇，在这场物理学的伟大变革中有所作为。

天文学家70年前就已经找到了暗物质存在的最早证据。近十年来，由于人类观测手段，尤其是空间天文学的发展，人类对宇宙的认识有了突飞猛进的发展。目前已经比较清楚，在今天宇宙的总体物质–能量组分中，暗能量是主导成分(占74%)，而物质成分(暗物质+普通物质)约占26%。

而在宇宙的物质组分中，85%是暗物质——我们已知的粒子(如质子、电子、中子等)之外的某种全新粒子。而组成我们所熟知的周围物质世界(包括我们人类自身)的基本单元——质

子、电子和中子，在宇宙中却是稀有的，仅占宇宙物质总量的百分之十几。让物理学家引以自豪的、集人类认识微观世界之大成的“粒子物理学标准模型”，描述的仅只是宇宙中15%的物质。

天文学的巨大进步已使人类获得了关于暗物质的大量知识：

暗物质基本不参与电磁作用、不发光、电中性、长寿命；

暗物质粒子与普通物质，以及暗物质粒子彼此之间的相互作用极其微弱；

天文学家清楚地知道整个宇宙中物质成分的85%是暗物质；

利用各种动力学方法，天文学家能准确地测出暗物质在宇宙空间中各点的质量分布；

地球周围，暗物质粒子的平均质量密度为0.4个氢原子/cm^3；

暗物质粒子应当是冷的 (即非相对论性的)，在我们周围，暗物质粒子以200—300 km/s的高速运动，穿过我们每个人的身体及我们的所有科学仪器，从未留下痕迹。

图2.3　瑞士天文学家Fritz Zwicky (1898—1974)，1933年在研究后发星系团时，最早找到暗物质存在的证据

但是，对于暗物质到底是什么，我们几乎一无所知！甚至对于暗物质粒子的质量是多少这样看似最简单的问题，我们在几十个数量级上不确定！在物理学历史上，这种事情实属罕见！

李政道教授曾多次指出：“暗物质是笼罩20世纪末和21世纪初现代物理学的最大乌云，它将预示着物理学的又一次革命。”杨振宁教授于2005年曾寄语年轻人：“所谓暗物质、暗能量就是非常稀奇的事物，这里面我想是可能引出基本物理学中革命性的发展来的……假如一个年轻人，他觉得自己一生的目的就是要做革命性的发展的话，他应该去学习天文物理学。”

美国科学与技术委员会(National Science & Technology Council)在2004年8月的“物理与天文学发展战略”中列出了新世纪要解答的11个科学难题，其中排在第一位的是“什么是暗物质”，第二位的是“暗能量的本质是什么”。

暗能量的发现是20世纪宇宙学乃至物理学最主要的发现之一(图2.4)。这种神秘能量，基本不参与电弱作用和强相互作用，从而几乎不可能在地球试验上发现。它的压强为负，而且幅度超过其能量密度的1/3，由此产生的排斥性质的万有引力导致宇宙从大小为今天40%左右的过去时刻开始进入加速膨胀阶段。和具有正常引力作用但基本不参与电弱作用和强相互作用的暗物质一起，它们构成了今日宇宙中96%的物质和能量，决定着宇宙整体的演化和命运，也决定着宇宙中结构的形成和演化。这个发现彻底改变了“重子中心”的传统宇宙观，对当代物理学提出了巨大挑战。暗能量的性质是当代物理学和宇宙学的核心问题之一。主流观点认为需要物理学革命来真正理解暗能量。在此之前，唯象模型有助于逼近暗能量的本质。而暗能量的特

图2.4　暗能量和宇宙加速膨胀的发现，被《科学》杂志列为1998年世界科学最重大的发现
(图片来源：《科学》1998)

性使得宇宙学观测成为探索暗能量的主要甚至可能是唯一的手段。通过宇宙学观测，我们有望精确测量暗能量的密度、状态方程和演化。同时，这些宇宙学观测能够对暗物质性质、中微子质量、宇宙起源机制等多个物理学核心问题提供关键信息。

迄今为止，人类对宇宙的起源和演化的了解主要借助于光子探针或者说电磁波，其波段从无线电、红外线、可见光、紫外线、X射线一直延伸到伽马射线。对宇宙线的观测使我们看到了太阳系外更多的宇宙景观，因而作为宇宙线主要成分的质子成为把遥远天体的物理信息传递给人类的另一位信使，尽管质子所携带的正电荷使得它容易受到宇宙空间磁场的影响。更为奇特的宇宙第三信使是中微子，它在可望的将来很有可能成为我们揭示宇宙的结构和天体的起源所必备的最有力的工具之一。

2002年的诺贝尔物理学奖恰如其分地肯定了中微子天文学的兴起。获得这一殊荣的雷蒙德·戴维斯和小柴昌俊分别探测到了来自太阳内部核聚变产生的中微子和超新星SN1987A爆发放射的中微子(图2.5)。前者首次给出了中微子质量不为零和中微子振荡的实验证据，而后者为研究超新星爆发的动力学提供了宝贵的数据。除了恒星(包括太阳)中微子和超新星中微子，来自活动星系核、伽马射线暴、暗物质湮没和其他遥远天体源的超高能中微子能够带给我们更多关于银河系内外甚至可观测宇宙之外的重要天文学信息。

图2.5　雷蒙德·戴维斯和小柴昌俊

不仅如此，宇宙空间还弥漫着大量从宇宙大爆炸遗留下来的中微子，它们形成了类似于宇宙微波背景的宇宙中微子背景。

这种“宇宙背景中微子”的数密度约为每立方厘米336个，其数量仅次于宇宙背景光子的数量，远远大于宇宙空间中电子、质子、中子和其他已知粒子的数量。数量如此巨大的宇宙背景中微子不可能不影响宇宙的演化进程。即便中微子只具有微小的静止质量，它们也会对整个宇宙的物质密度有所贡献。目前的估算表明宇宙背景中微子至少占整个宇宙物质总量的千分之一。

宇宙背景中微子、恒星中微子、超新星中微子和超高能中微子都是中微子宇宙学和中微子天文学的重要研究课题。图2.6给出了它们的典型能谱，以及与大气中微子、核反应堆中微子和地球中微子的能谱的比较。理论家们甚至预言宇宙早期可能存在超重的、破坏轻子数守恒的Majorana中微子，它们的衰变导致宇宙的轻子数不对称。后者最终转化为宇宙的重子数不对称，从而解释可观测宇宙的物质–反物质不对称之谜。

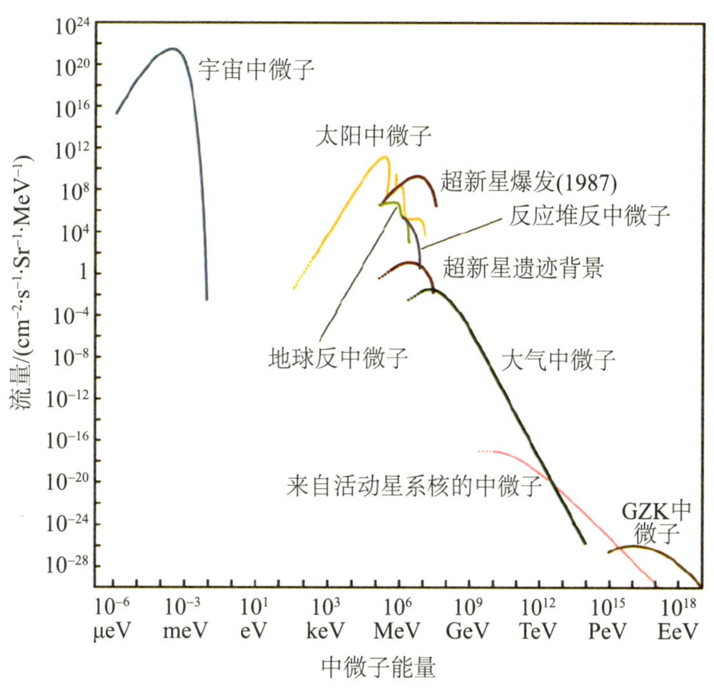

图2.6　中微子的“大统一”能谱

（图片来源：欧洲粒子天体物理路线图网站http://www.aspera-eu.org/）

总之，中微子与天体物理学的密切关系突显了中微子的重要性。中微子宇宙学和中微子天文学方兴未艾，发展前景广阔，科学意义重大。

2.2 暗物质研究

2.2.1 研究现状

暗物质问题起源于天文，其最终解决则依赖于物理学，它是天文学与物理学的交叉。

国际上暗物质的研究基本上沿着两条路在走：一条路是利用天文方法对暗物质在宇宙空间中的分布做出越来越精准的测量，这不仅进一步证实了暗物质的存在，而且对我们理解暗物质的本质也是至关重要的；另一条路则是物理学家利用各种实验手段去捕捉和探测暗物质粒子。两种方法相辅相成，形成很好的互补。

1) 利用天文方法研究暗物质

事实上对暗物质的研究，多年来一直是由天文学家来主导的。天文学家研究暗物质已有70年的历史了。经过这70年，尤其是近十年的发展，天文学家已有了多种成熟的研究暗物质的手段。利用强引力透镜方法、弱引力透镜方法、星系的旋转曲线方法、星系中恒星的运动、星系团的X射线方法、星系团的Sunaeyav-Zeldovich效应方法，天文学家不仅提供了暗物质存在的强有力证据，而且可以很好地绘制出暗物质在宇宙空间中各处的分布。而暗物质的空间分布状况，也同样为我们提供了暗物质粒子基本属性的信息。图2.7显示了星系团A2218中大量的暗物质所产生的引力透镜光弧。

图2.7 哈勃空间望远镜拍摄的星系团A2218的引力透镜光弧

近十多年来发展起来的N体数值模拟方法，为研究暗物质提供了强有力的手段。通过对宇宙大尺度结构的数值模拟，并与宇宙大尺度巡天的观测结果进行对比，天文学家对暗物质粒子的性质做出了很好的限定，即暗物质应是无碰撞的冷暗物质。图2.8中显示了无碰撞冷暗物质模型的数值模拟结果（红色），与实际观测到的宇宙大尺度结构（蓝色）两者之间有着惊人的一致性。而这一关于暗物质的结论，一直是指导物理学家构造暗物质的粒子物理模型的最重要依据之一。

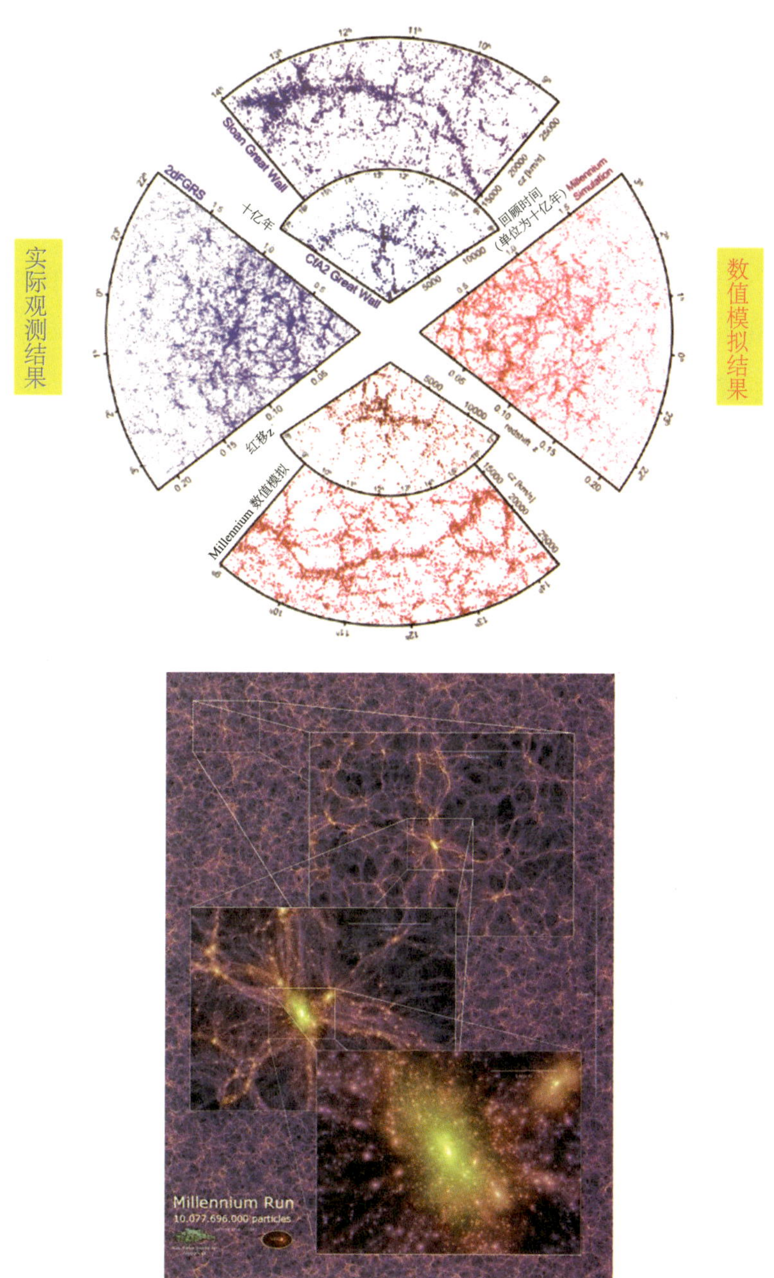

图2.8　对宇宙结构的Millennium数值模拟，及与SDSS和2dF巡天观测（上图中蓝色）的比较（图片来源：Millennium数值模拟）

2) 利用物理实验捕捉和探测暗物质粒子

近10多年来，国际上已有大量的暗物质实验投入运行或正在建造中。暗物质实验可分为两大类：

一类是加速器实验，即在高能加速器上打出新的粒子，如欧洲核子中心的大型强子对撞机LHC。人们寄予厚望，希望能找到理论物理学家所预言的典型质量为几百GeV的暗物质的最热门候选者neutralino（中性伴随粒子）。不论LHC能否最终找到neutralino，对粒子物理学家都至关重要。当然，LHC耗资极其巨大(最终花费将达100亿美元)，它汇集了三十多个国家的数千名优秀科学家。

另一类是非加速器实验。目前国际上的暗物质实验多是非加速器实验。相对于加速器实验，非加速器实验造价十分低廉，建设周期也短。另外，如图2.9所示，非加速器实验所探测的暗物质粒子的参数空间与加速器实验有极好的重叠，可形成非常好的交叉互补。在非加速器实验发现的结果，可以拿到加速器上去检验，反之亦然。

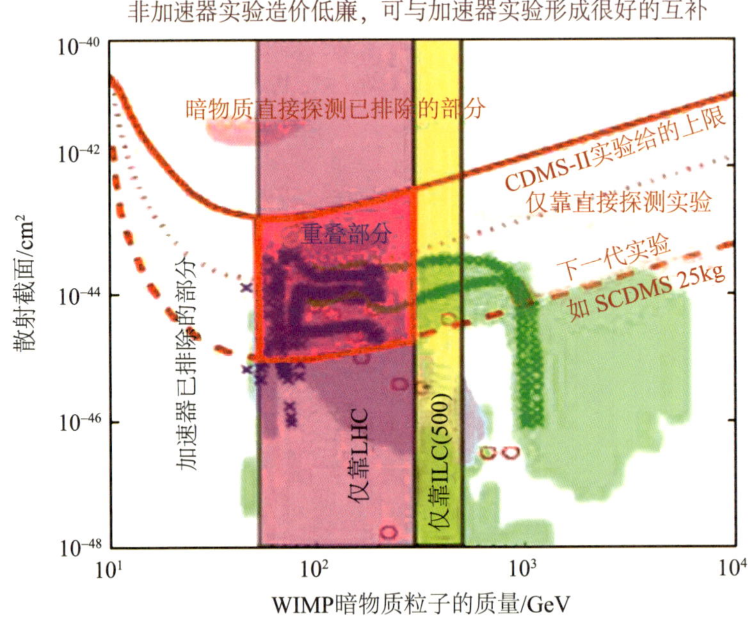

图2.9 暗物质的加速器实验与非加速器实验的对比

（图片来源：暗物质直接探测实验国际数据库http://dmtools.brown.edu）

非加速器实验又可分为两类：一类是直接探测实验，另一类是间接探测实验。

（1）暗物质的直接探测。

暗物质直接探测是测量暗物质粒子与探测靶粒子(普通物质)之间的反冲(散射)。诚然，暗物质与普通物质之间的相互作用极其微弱，但如果暗物质是最被看好的一类暗物质候选者——弱作用重粒子(weakly interacting massive particle, WIMP)的话，那么暗物质粒子是弱相互作用粒子，即暗物质粒子之间，以及暗物质粒子与普通物质之间，都存在弱相互作用。暗物质与普通物质之间总有一定的散射截面，尽管非常非常小，但仍可能等到暗物质粒子打到探测器上的极其罕见的信号。由于需要屏蔽掉宇宙射线产生的干扰，所以此类实验一般必须在岩层厚度达1km以上的地下实验室中进行。

图2.10给出了目前国际上所有的暗物质直接探测实验。暗物质实验已在世界各地蓬勃展开，欧洲和美国处于领导地位，比较有名的有CDMS、Edelweiss、DAMA、Xenon、LUX等实验。在亚洲，日本、韩国、乌兹别克斯坦以及中国台湾均已开展了各自的实验。非常遗憾的是，目前在我国国内(除台湾省)，还是基本空白！

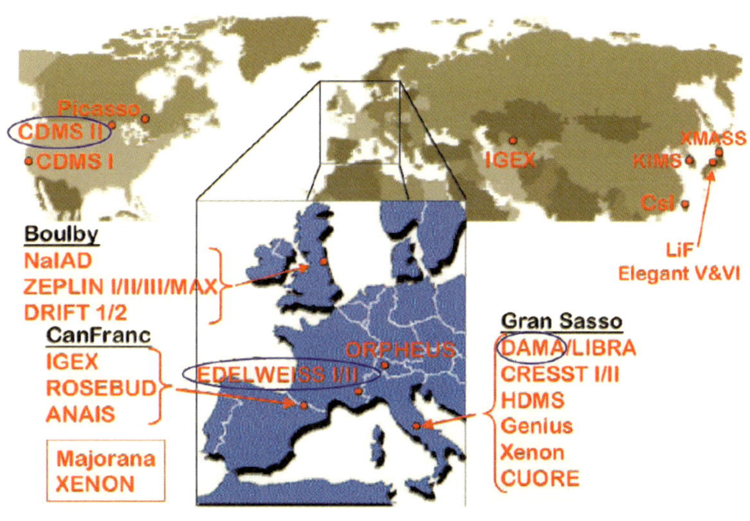

图2.10　暗物质直接探测原理及目前国际上的实验

（图片来源：M. Attisha及Richard Schnee)

到目前为止的实验结果是，在现有的探测灵敏度以内，尚未发现可信的暗物质信号。现在这些暗物质实验正在不断改进和升级，如增大探测器，在不久的将来建造吨级探测器，使实验的灵敏度有望提高4个数量级。

（2）暗物质间接探测实验。

暗物质如果是WIMP，那么它们可能彼此湮没。暗物质的间接探测就是去探测暗物质湮没所产生的次级粒子，如γ光子、中微子、正负电子、质子、反质子等。由于暗物质湮没信号的流强正比于暗物质数密度的平方，所以最可能探测到湮没信号的地方是暗物质最集中的地方，如星系的中心、暗物质晕的大量子结构的中心，甚至太阳中心（因为太阳中心可能有大量被俘获的暗物质粒子，从而产生湮没，而它们又离我们如此近）。图2.11列出了当今世界地面和空间的暗物质间接探测实验，其中新一代的γ射线天文卫星Fermi(即GLAST)已于不久前投入使用并取得数据。ARGO实验是中–意合作的宇宙线实验，位于中国科学院高能物理研究所在西藏羊八井的宇宙线基地。另外，PAMELA卫星及中国科学院紫金山天文台参加的ATIC国际气球实验，发现了空间电子能谱的异常超出，似乎揭示了与暗物质粒子湮没之间的一些关联。

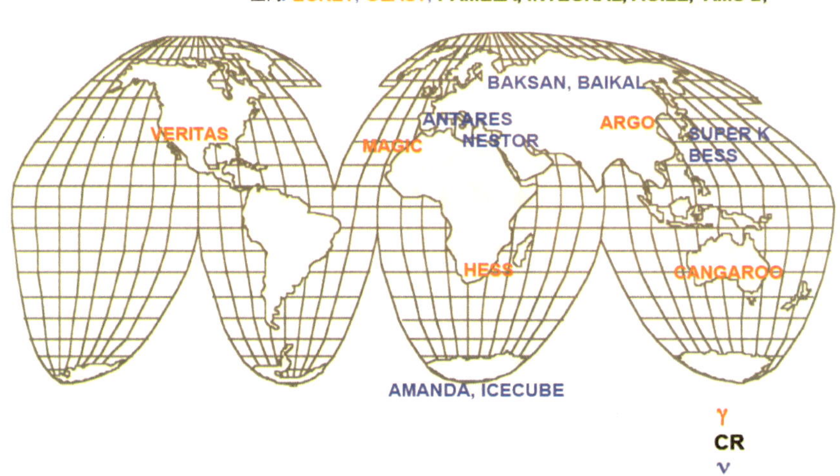

图2.11　目前国际上的暗物质间接探测实验
（图片来源：C. Reed和G. Gerbier）

(3)轴子暗物质的实验探测。

暗物质也有可能不是WIMP,而是其他新的未知粒子,如轴子(axion)。轴子是粒子物理学家为解决QCD中的强CP破坏问题而引入的,它非常非常轻,典型质量为μeV,即10^{-6}eV。目前国际上直接探测轴子暗物质的实验已在进行。μeV能量对应于电磁波谱中的米波或将近1GHz的频率。如果暗物质是轴子的话,根据我们周围暗物质的质量密度为0.4GeV,可知轴子的数密度是极其巨大的。利用微波空腔使其频率接近轴子的能量(或说质量),则轴子会与电磁场有微弱的耦合,发生共振而转化为同频率的光子。此实验方案最初由P. Sikivie在1983年提出,目前相关的实验已在进行中,并已有了初步结果。

2.2.2 发展趋势

随着天文学家不断给出越来越强有力的暗物质存在的证据以及对宇宙中暗物质分布的越来越精准的测量,在实验室(包括地面、地下及空间)去捕捉及探测暗物质粒子必然将提到议事日程上。因此,我们认为:

今后几十年内国际暗物质研究的发展趋势必然是从天文观测转向对暗物质粒子的实验探测上,这是彻底揭开暗物质之谜的必由之路。今后一二十年将是暗物质探测的黄金时代。

暗物质实验探测的三大手段:加速器实验、非加速器的暗物质直接探测实验和非加速器的暗物质间接探测实验,三者之间可以形成很好的互补和交叉认证。国际上,这三类实验已同时展开。LHC已投入运行,以Fermi卫星为代表的暗物质间接探测实验正在获得数据。在暗物质的直接探测上,采用液化惰性气体(如液氙)的新一代暗物质地下实验(如Xenon、LUX实验)越来越受到重视。

2.2.3 面临的挑战

自从人们发现暗物质存在的最初证据,70年来,暗物质粒子从未被确切地探测到。这主要是因为暗物质与普通物质的相互作用极其微弱。目前世界上最好的实验给出的暗物质–普通物质的散射截面的上限约为$10^{-44}cm^2$。暗物质粒子极难被捕捉和探测到，这是目前暗物质研究的最大挑战。因此，我们应清醒地意识到暗物质问题以及暗物质实验的长期性和艰巨性，并对实验可能会得到负结果有一定的心理准备。

2.2.4 发展战略和目标

如前所述，目前国际上暗物质的研究重点，必将转移到暗物质粒子的实验探测上。事实上，短短10年时间，全世界暗物质的探测实验已是遍地开花，未来20年将是暗物质探测的黄金时代，乐观的估计是暗物质之谜可能在不久的将来得到彻底解决。令人焦虑的是，目前我国在暗物质实验上基本空白！中国应抓住这一难得的历史机遇，在人类揭开暗物质之谜的历程中有所作为。

我们回顾10年来宇宙学的重大变革，会发现它完全来自技术进步和观测手段的提高，也就是说，是由观测和实验驱动的。因此，中国的暗物质研究可以考虑以中国的暗物质实验为依托，从空间、地面及地下实验三方面开展：

1）空间实验（暗物质间接探测）

中国科学院紫金山天文台和高能物理研究所分别提出了在未来的中国空间站上进行暗物质实验的方案，用以测量暗物质湮没所产生的湮没线及电子能谱。鉴于中国科学家参与的ATIC实验的新结果，暗物质空间探测的近期目标可考虑尽快开启中国的“暗物质探测卫星”计划，大幅提高电子能量分辨率，得到可靠的电子能谱。建议2020—2035年的中期目标，以未来的中国空间站为实验平台，实施暗物质大型空间探测计划。

2）地面实验（暗物质间接探测）

利用我国羊八井宇宙线基地，探测暗物质粒子在暗晕中心及子结构中心的湮没所产生的次级粒子在地球大气中的簇射。

事实上，暗物质间接探测实验大致可以分为三类：空间实验（如EGRET，Fermi，AMS等）、大气切连科夫望远镜（如HESS，

VERITAS，CANGROO等）及地面广延大气簇射阵列（如羊八井实验，MILAGRO等）。目前正在建设中的中意ARGO项目是地面阵列中最先进、灵敏度最高的实验。这三类实验各有优缺点，互为补充：空间实验能干净地排除本底，但探测面积很小，对于高能（TeV能标）宇宙线的探测无能为力；大气切连科夫望远镜探测面积大，本底排除能力强，但对于观测条件要求苛刻，只能在晴朗无月夜晚才能观测几个小时，而且观测视场窄，主要用于对指定点源的观测；地面阵列的优点是大视场，大探测面积，全天候观测，利于长时间监测源的时变，且能同时监测众多的天体，主要缺点是本底排除能力一般。

利用羊八井ARGO实验低阈能、大视场、全天候的优势，通过测量高能 γ 射线能谱，可以间接寻找弱相互作用暗物质，尤其是超对称理论所预言的暗物质候选者neutralino。羊八井实验的另一个优势在于，如果暗物质粒子的质量非常大（大于100GeV），则羊八井实验可能具有比空间实验更好的探测灵敏度(图2.12)。

图2.12　中国科学院高能物理研究所海拔4300m的羊八井宇宙线实验室
（图片来源：中国科学院高能物理研究所）

3）地下实验（暗物质直接探测）——中国在暗物质实验上的机遇

事实上，在暗物质的直接探测方面，我国具备一定的天然优势。因为暗物质地下实验要求必须有至少1km的等效岩石厚度，用以屏蔽掉宇宙线的干扰。当今世界最大的地下实验室，意大利的Gran Sasso国家实验室，其岩石厚度为1.4km。所以，岩石厚度至关重要，厚度越大，则实验的本底越干净。我国幅员辽阔而又多山，有大量的穿山隧道。青藏高原高山峡谷众多，随着西部的进一步开发，可望有更多的适合进行暗物质地下实验的隧道。这是中国得天独厚的地理优势。

目前已全线贯通的我国四川西南的锦屏山隧道，全长17km，最大埋深2.4km，而且山顶平缓，埋深大于1.5km的洞段占了隧道总长的3/4（图2.13），尤其是交通、水、电、生活设施等均极为便利。锦屏隧道作为平峒型的洞室，相对于多数暗物质实验的竖井型洞室，在施工条件、实验运行和维护、便捷性和安全性等方面具备极大的优越性。锦屏隧道有可能为我们提供全世界最好的暗物质地下实验室。

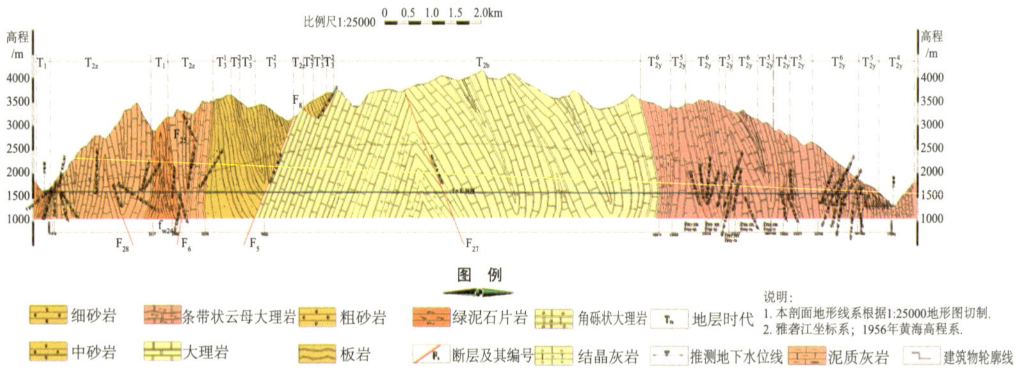

图2.13　锦屏隧道剖面图（图片来源：二滩公司）

目前，中国科学院、上海交通大学、清华大学的研究团队进行了大量的预研究。建议在暗物质直接探测方面的近期（2010—2020年）和中期（2020—）目标是，充分利用锦屏隧道的优势，建设中国的暗物质地下实验室。中国科学家经过多年的国际合作，已积累了相当丰富的暗物质实验经验，尤其是在国际领先的液化惰性气体方法领域以及晶体方法研究上。建议加紧开展中国的暗物质实验（采用液化惰性气体方案、晶体方案及其他可能的方案）。另外，也应考虑利用锦屏隧道的优势，吸引国际合作，促进中国的暗物质实验研究，使我国的暗物质实验成为国际间的一支重要力量。

围绕暗物质实验的理论研究

依托中国的暗物质实验，形成强大的暗物质研究队伍，包括理论研究、数据分析、实验技术等。确保我国在暗物质研究领域的长期的国际竞争力，为酝酿重大科学发现和理论突破打好物质基础。

另外，需要特别指出的是，人类目前对暗物质的本质基本是不知晓的，所以迄今为止所有的暗物质实验均是在一定的暗物质模型的假定下进行的。例如，绝大多数暗物质实验均假定暗物质粒子是理论家最看好的、超对称理论所预言的、典型质量为几百倍氢原子质量的WIMP。少部分实验假定暗物质是质量非常轻的轴子。事实上，暗物质也可能是出乎所有人（尤其是目前的实验家）预料的某种新粒子，这就需要理论家的理论指导和前瞻性研究。所以应保持一支强大的暗物质研究的理论队伍（这方面，我国一直有很好的理论物理研究传统），不断创造性地提出新思想、新方案，面对层出不穷的新问题。

2.2.5　到2050年的长期规划

近10年来宇宙学的发展极其迅猛。在暗物质的研究上，如前所述，在短短10年时间，国际上暗物质的探测实验已如雨后春笋般大量涌现。在本领域正处于革命性变革的年代，做一个50年的学科长期规划是很困难的。一个乐观的估计是，由于国际上各种暗物质实验的大量展开及科学界对这一领域的高度重视和相应的大量投入，暗物质问题有望在未来二三十年的时间得到彻底解决。若果真如此，则物理学就是天翻地覆的变化了。

应抓住历史机遇，尽快开展中国的暗物质实验，并在人才和研究队伍的组织与管理上提前进行规划与安排。相对于加速器实验（如LHC），非加速器实验造价十分低廉，而且建设周期短，是我国应优先发展的方向。在非加速器实验中，空间（间接探测）、地面（间接探测）和地下（直接探测）是可能的三个方向。空间实验需要与航天部门的协调，地面与地下实验则容易掌控，易于快速实施。羊八井实验已具备一定的规模，以及自身的优势。暗物质地下实验属于小型非加速器实验，目标单一、造价低、见效快，是非常值得考虑的。

2.3 暗能量研究

2.3.1 研究现状

暗能量的发现是几大独立宇宙学观测共同作用的结果。

(1) 20世纪80年代中期以来，诸多天文观测发现宇宙中的暗物质和重子物质可能只占临界密度的20%左右，与基于广义相对论、暗物质、粒子物理标准模型粒子、暴胀理论的宇宙学模型严重不符。部分宇宙学家意识到，在广义相对论框架下，带负压强的神秘能量，包括爱因斯坦的宇宙学常数和动力学场，是解决矛盾的可行方案。

(2) 1998年以来，Ⅰ型超新星的观测发现宇宙在加速膨胀，这种加速膨胀是暗能量存在的直接证据(图2.14)。

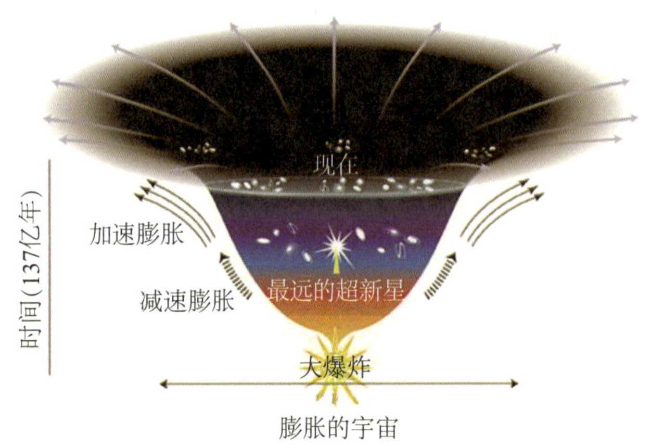

图2.14　暗能量使空间产生排斥作用，驱动近期宇宙的加速膨胀
(图片来源：NASA的A. Riess)

(3) 2000年Boomerang微波背景实验结合哈勃望远镜对哈勃常数的观测，证实宇宙在误差范围内是平坦的。根据广义相对论，宇宙的平坦要求暗能量必须存在，而且其密度必须是暗物质密度3倍左右。

(4) 2003年以来，结合WMAP和斯隆星系巡天等大尺度结构观测，证实了由于引力势衰减造成的微波背景温度扰动(the integrated Sachs-Wolfe effect，ISW效应)。对符合广义相对论的平坦宇宙，这一结果只能用暗能量来解释。

（5）WMAP对微波背景的精确测量使得我们能够精确地限制暗能量。在6参数的平坦、基于宇宙学常数、暗物质、广义相对论、暴胀理论的标准宇宙学框架之下，宇宙学常数占到了宇宙临界密度的74%，误差在4%之内。

正因为上述独立观测的一致支持，暗能量的存在已被绝大多数宇宙学家接受。但是，暗能量的几大关键性质，仍然没有解决。这包括暗能量是否是宇宙学常数？如果不是，其平均状态方程w是多少？

w是否存在演化？如果是，其演化速率是多少？

如何破除暗能量和修正引力论的简并？

暗能量存在的所有证据均以广义相对论为前提，从逻辑上讲，对目前天文观测的解释可以通过修改星系以上尺度上的广义相对论来完成而完全不需要暗能量。如何区分这两种可能性？如何在宇宙学尺度上检验广义相对论？这些问题的解决，需要巨大的宇宙学观测投入。

暗能量的观测证据已经积累很多了，其效应几乎是不可置疑的。随着观测证据的积累，理论问题并没有得到很好的解决，虽然理论家们已经写了数以千计的理论文章，提出了上百个模型。这些模型到今天为止基本上是唯象的，也就是说，我们并没有在暗能量的基础理论上取得可见的进展。

要回答暗能量问题，我们至少要理解两个问题：

（1）暗能量为什么这么小，且是正的？

（2）暗能量的大小为什么在大爆炸发生了137亿年后的今天，与临界密度的大小相仿？

弦论目前流行一种观点，认为存在很多亚稳态"真空"，每个这样的真空对应一个宇宙学常数大小，且有对应的物理如粒子物理中的规范群以及相互作用强度可以是变化的。如果这样的亚稳态真空足够多，那么就会出现接近或等于我们观测到的暗能量密度。这样，用所谓人择原理，就可以解释暗能量的两个问题。这种观点目前争议很大，争议主要围绕对于科学理论的理解和一些技术问题。在科学理论的层次，我们是否应该接受这样一种环境论？即宇宙之所以如此完全是偶然的，就像地球在太阳系的地位一样偶然。这种解释是否是科学的？技术层面上的问题很多。例如，我们真的理解了弦论中的亚稳态真空了吗？这些真空真的存在吗？如果存在，这些真空都会在宇宙中实现吗？实现的几率分布是怎样的？还是存在某种第一原理帮助我们来选择一些亚稳态真空？

暗能量的唯象模型大致可以分为五大类。

（1）由某种场驱动的动力学模型。这类模型的代表是quintessence，即类似暴涨子的标量场，但与暴涨子不同，这里涉及的能量密度非常小，同时标量场本身的值不小，往往在Planck能标之上。这引起两个问题，其一是微调问题，其二是量子效应。Quintessence虽然有许多tracker模型，但都没有理想地解决这两个问题。所以这类模型是纯粹唯象的。与标量场类似，人们还研究了三个矢量场等模型，还有就是所谓phantom模型和quintom模型，前者假定标量场有负的动能项，后者假定既存在quintessence场，也存在phantom场。这些模型除了存在前面提到的两个问题外，还有不稳定性问题。

（2）修改引力理论，例如在大尺度上修改广义相对论。这类模型也不少，包括修改Einstein-Hilbert作用量，引入新的场以达到模仿暗能量和暗物质（MOND），有的模型还引入了大额外维，如DGP模型。同样，这些模型也都存在微调问题，更不用说没有在量子引力的层次上理解暗能量。

（3）相互作用暗能量和暗物质。这类模型引入暗能量与暗物质之间的能量交换，企图通过相互作用使得两者能量形式最终趋于同一个数量级。但在绝大多数场合并没有达到所想得到的效果。

（4）全息暗能量。这类模型从全息原理出发，推测暗能量密度与一些宇宙学尺度的关系，通常是平方反比关系。这类模型较易解决暗能量的两个经典问题，但同样存在着基本理论问题，例如我们并不知道如何从基本理论推出一定的宇宙学尺度。

(5)对称性。一般地，某个常数等于零或很小与对称性有关，如轻介子的质量。但是，超对称并不能解决宇宙学常数问题，因为超对称破缺的能标不会低于现在加速器所达到的能标，从而会诱导很大的宇宙学常数。有一种猜测认为，超对称破缺所引起的宇宙学常数远远小于场论所预言的，这种理论假定某种全息机制。有一种理论认为也许宇宙在本质上是2+1维的，但唯象上是3+1维的，低维超对称保证宇宙学常数为0，但不会诱导四维世界中超对称。但目前还没有具体模型，即使我们能够构造具体模型，也会出现如何从零宇宙学常数过渡到非零宇宙学常数的问题。还有一种理论认为时空有某种复数上的对称性，这是't Hooft提出的观点，也没有多少人接受这种可能。

总之，暗能量的理论研究还有很长的路要走，也许观测是最终决定哪一种唯象模型是正确的手段。按照现在计划中的暗能量观测手段，今后数年暗能量的测量精度能够达到状态方程指数w的10%左右，虽然能够排除一些模型，但仍不足以排除多数模型。

2.3.2 发展趋势

研究表明，任何单一的暗能量探针都无法精确而全面地回答这几大问题。例如，基于宇宙膨胀历史的测量，即使是完美的，也存在着暗能量和修正引力论的完全简并。宇宙学界的共识是，需要结合各种独立的宇宙学探针来打破各宇宙学参数之间存在的简并以及暗能量和修正引力之间存在的简并、提高对各宇宙学参数的限制精度以及修正可能的由于观测和复杂天体物理机制造成的系统误差。

负责向美国能源部、航空航天总局和自然科学基金建言暗能量研究方向的Dark Energy Task Force (DETF)在其2006年发布的报告中推荐了四种最有希望的暗能量宇宙学探针。其中Ⅰ型超新星和重子声波振荡测量宇宙的膨胀速度，而弱引力透镜和星系团计数主要测量宇宙大尺度结构的增长速度。

DETF把正在进行的、计划中的中等规模和大规模的宇宙学观测项目依次归类为第二、三、四阶段项目。我国的LAMOST项目和美国的Dark Energy Survey均为第三阶段项目。而美国Beyond Einstein项目优先支持的空间JDEM（Joint Dark Energy Mission，有ADEPT、DESTINY、SNAP三个候选者）、地面光学望远镜LSST、地面射电望远镜SKA、欧洲的空间Euclid和美国BigBOSS等均为第四阶段项目。本书沿用这一分类方法。第四阶段项目耗资巨大，单项耗资为1亿—10亿美元量级。在广义相对论的框架下，结合这些项目，暗能量状态方程w的测量精度有望达到1%，w从过去到现在的变化幅度有望被限准到0.1的精度。

以上宇宙学探针探测的是宇宙中物质和能量的分布(宇宙膨胀速度由物质和能量的平均分布决定，而弱引力透镜和星系团计数主要由物质和能量分布的扰动决定)。要全面描述宇宙，还需要测量物质和能量的相空间分布，即其本动速度。研究表明，大尺度本动速度测量不仅仅能够提高对暗能量性质限制的精度，更是区分暗能量和修正引力的不可或缺的工具。因此，近几年来，大尺度本动速度(即对哈勃流的偏离)这一宇宙学探针得到了越来越多的重视。目前最可行的测量本动速度的方法是星系本动速度造成的星系成团性的各向异性(红移畸变)，其测量需要星系光谱红移的精确测量。我国的LAMOST项目能够在红移小于0.8以下实现这一测量，美国的BOSS项目的设计能力类似。在国际上，第四阶段项目ADEPT（JDEM）、BigBOSS、Euclid和SKA能够在~20000平方度天区和红移深达1—3的范围实现该测量。

2.3.3 面临的挑战

在误差范围内，目前的宇宙学观测并没有发现对基于广义相对论以及不为零的宇宙学常数的标准宇宙学的偏离。这表明，对于宇宙学常数的偏离(暗能量)和广义相对论的偏离(修改引力论)，即使存在，其程度也是微弱的。而DETF的研究表明，即使是第四阶段项目，对暗能量状态方程的限制也只有1%左右的精确度。然而，已知有若干因素都会在这个精度上影响暗能量参数的测量。

（1）宇宙初始条件的不确定性。不同于物理实验能够设定初始条件，我们无法设定宇宙的初始条件，而只能通过观测去推断。初始条件的不确定性会传递成为暗能量参数限制的误差。

（2）天体物理机制的不确定性。每种宇宙学探针都受到各种复杂的、难以从第一原理精确计算的天体物理机制的影响。例如Ⅰ型超新星可能存在的内禀演化和宇宙大尺度结构的非线性演化。这些效应也会传递成为暗能量参数限制的误差。

（3）天文测量和数据处理的不确定性和复杂性。例如，在弱引力透镜测量中至为关键的星系形状和红移的测量以及海量数据处理的技术难度。这些都是暗能量测量方面必须克服的问题，需要天文学界巨大、持续的财力和人力支持。

2.3.4 发展战略和目标

作为探索暗能量这一物理基本问题的主要手段，暗能量的宇宙学观测目前处在快速发展阶段。一方面，国力的快速提高使得我国有能力抓住这一历史机遇，在此关键领域占领一席之地。另一方面，暗能量的宇宙学观测国际竞争激烈，耗资巨大（第四阶段项目单项耗资为1亿—10亿美元量级）。而我国作为发展中国家，国力有限，而且科研队伍相对弱小。这就决定了我们必须扬长补短，在发挥我国已有优势、争取作出领先工作的同时，弥补薄弱环节、争取跟上相关领域的发展。

如前所述，暗能量的五大宇宙学探针为重子声波振荡、弱引力透镜、星系团计数、超新星和大尺度本动速度。我国在这些领域的理论、观测、技术等方面发展并不均衡，因此需要根据这一实际情况制定相应计划。

在重子声波振荡、星系团计数和大尺度本动速度方面，得益于LAMOST望远镜的建设和投入观测，我国具有独特的优势。在LAMOST基础上进行的更大规模星系光谱红移巡天，能够使我国在这三个领域做出国际领先的科研成果。建议最高级别优先度。

在引力透镜宇宙学方面，我国缺乏观测经验和原始数据处理经验。能够弥补的是，国内现有观测设备（例如云南2.4m光学望远镜）经过改造（主要是CCD）后适合引力透镜（包括强引力透镜和弱引力透镜）的观测。另一方面，在引力透镜的理论和数值模拟方面，我国有一定基础。建议次高级别优先度。

在Ⅰ型超新星宇宙学方面，我国缺乏观测设备、观测经验和原始数据处理经验。这个现状决定了在这个方面，我们短期内不仅难以与国际上相应的第四阶段项目竞争，甚至难以与国际第三阶段项目竞争。另外，Ⅰ型超新星宇宙学的系统误差量化和修正方面存在较大不确定性（见DETF报告），也限制了它在精确宇宙学方面的应用。建议第三级别优先度。

另外，我们必须采取行动来克服暗能量精确测量的三大障碍：宇宙扰动初始条件、天体物理机制和数据处理技术。

综合上述情况，建议的优先度为：星系光谱红移巡天>引力透镜巡天>超新星巡天。

战略目标包括：

1) 光谱红移巡天的发展路线图

（1）5—10年：目前我国LAMOST望远镜的建设已经接近完成并将开始星系光谱红移巡天。建议以该项目为中心，以国家973宇宙大尺度结构与演化项目和中国科学院重要方向性项目为起点，给予观测和理论方面稳定、充足、与该项目硬件投入相匹配的资金和人力支持，务必切实把握该项目的观测、原始数据处理（data reduction）、数据分析、数值计算、基础物理应用等所有关键环节，充分发挥望远镜硬件的能力，作出能够与国际上第三代项目竞争的科研成果。

该项目的成功将使得我国在星系光谱巡天领域处于国际领先地位，并培养一支成熟的从望远镜硬件到数据处理到理论分析的队伍。建议发挥我国在该方面的优势，在LAMOST的基础上开展十米级大视场多光纤望远镜的预研究。

（2）10—20年：一亿星系光谱红移级别的光学/红外巡天项目。该项目对宇宙学研究，尤其是暗能量研究，将起到巨大作用。它自身能够同时精确测量宇宙的膨胀速度（通过重子声波振荡）和宇宙的结构增长速度（通过星系红移畸变和星系团计数）。该项目与其他同天区的项目结合，将进一步增强其探索暗能量的能力。例如，与弱引力透镜结合，将能够直接在宇宙学尺度上检验泊松方程，从而区分暗能量和修正引力论；与微波背景实验结合，将能够测量ISW效应从而限制暗能量等。不仅如此，该项目还能够提供其他宇宙学探针的关键信息。例如弱引力透镜宇宙学的主要系统误差之一是星系的红移分布，而这正是星系红移巡天的主要测量量。该项目对其他物理学和宇宙学基本问题，例如暗物质、中微子质量等，都能够提供关键信息。

具体要求：在宇宙学研究，尤其是暗能量测量领域，该项目设计能力必须能够与国际上的第四阶段项目竞争，因此必须能够精确测量20000平方度左右、红移~0—2、总数~10^8的星系光谱红移。在望远镜设计、视场和观测条件不变的前提下，不考虑星系演化，有两个可能实现方法：一是加大望远镜口径，如果指标能够达到3倍于LAMOST口径（即~12m直径）和大约2倍的光纤数目（8000根左右），将能够对红移2以下的上亿星系（非特殊星系）进行光谱测量；二是在设计指标与LAMOST类似的情况下，参照BigBOSS等的选源方法，结合亮红星系、发射线星系和类星体，能够测量深达红移2附近的几千万根星系光谱。

综合考虑，该项目选址以南半球为佳。原因如下：

（1）在望远镜设计不变的前提下，该项目需要已知星表输入。要达到天区、星系数目和巡天深度的要求，该星表必须由第四阶段项目提供。而第四阶段项目中，ADEPT为红外巡天，SKA为射电巡天，均存在与我国项目星系匹配的问题。所以输入星表最佳选择为光学观测项目LSST（选址为智利）。

(2)选址在南半球便于各项目之间的相互校正和相互补充,将大大降低可能的系统误差和提高暗能量测量精度。例如,LSST弱引力透镜巡天的一个主要系统和统计误差是测光红移的误差。10m级光谱红移巡天的精确光谱红移测量将基本消除此误差,从而大大提高LSST弱引力透镜宇宙学的精度。这种能力,将极大提高我国在引力透镜宇宙学等领域的国际地位,也将大大拓展该光谱红移巡天项目在宇宙学领域的应用。

南半球选址目前有两个主要候选地点:智利和南极,各有优点,需要综合衡量。

(1)智利。优点在于基础设施齐全,望远镜建设和维护的花费相对较低。而且智利的国际天文观测项目集中(如LSST、DES、SPT等),便于交流合作。

(2)南极Dome A。南极Dome A的观测条件远佳于LAMOST的兴隆观测站,也好于智利的观测条件。比照LSST,Dome A的10m级大视场多光纤望远镜实现上述观测目标是可行的。考虑到观测条件的改进,某些观测要求可能能够放宽。另外,该项目对于我国国家层面的南极战略将起到具有巨大国际显示度的推动。南极的难点在于基础设施的完善、望远镜建设的技术难度和花费。

2) 引力透镜巡天的路线图

5—10年:对我国现有设备进行升级改造,进行引力透镜观测。

(1)利用我国云南的2.4m光学望远镜开展引力透镜研究。科研目标:培养科研和技术队伍,争取在引力透镜数据处理和宇宙学、天体物理学应用方面能够做出与国际上第二代项目竞争的成果。必要条件:对该望远镜进行CCD等关键终端设备升级改造,使之能够对40角分以上的大视场成像并进行弱引力透镜巡天。如果该要求无法达到,则建议对已知星系团进行强引力透镜和弱引力透镜研究。这是在我国开展引力透镜观测、在国际上占据一席之地的关键步骤,因此强烈建议予以充足的经费支持。

(2) 加强与我国其他观测项目的合作，提高科研产出。例如结合LAMOST的光谱数据，对低红移星系团进行光学辨认，测量星系团引力质量和动力学质量，通过星系团计数探索暗物质和暗能量。充分利用2.4m望远镜的成像能力，对LAMOST需要而没有其他合适星表输入的天区进行巡天，提供星表输入。

(3) 进行下一代引力透镜巡天项目的预研究。可能方案包括在南极Dome A的弱引力透镜巡天，以及与国际项目（例如欧洲的DUNE空间项目）的合作。

可行方案：南极Dome A的4m级光学近红外弱引力透镜巡天。该项目具有若干优势：① Dome A的能见度极佳，能够极大地降低弱引力透镜cosmic shear测量的一个主要系统误差，是进行弱引力透镜巡天的理想地点；② 近红外波段将极大提高测光红移的精度，从而修正弱引力透镜的一个主要系统误差，该波段与LSST等项目形成高度互搏；③ 该项目与1亿量级的光谱巡天项目的互补性强。引力透镜项目能够提供光谱巡天的星表，从而能够部分或者完全取代LSST，而光谱巡天能够提供引力透镜源星系的光谱红移，消除由此造成的系统误差，光谱巡天和测光巡天在科学目标上更是高度互补，将极大提高暗能量和引力性质的限制精度。

10—20年：在充分论证的前提下进行新一代的弱引力透镜巡天项目。

3) 光谱红移巡天+图像巡天的发展路线图

宇宙学研究表明光谱红移巡天和弱引力透镜巡天是高度互补的，具体表现为光谱红移巡天的重子声波振荡、红移畸变和引力透镜结合能够对暗物质、暗能量和引力性质作出关键的限制。在国际上，欧洲的Euclid项目正是以此为科学突破口。在国内，则能够大力整合我国在两个方向的力量。为此，强烈建议展开进行单架望远镜同时执行光谱巡天和图像巡天的可行性研究。如果可行，则可以把上述光谱红移巡天和引力透镜巡天的路线图合并执行，从而最大限度地提升我国在暗能量领域的科研实力和国际地位。

可行方案：重点调研南极Dome A (图2.15)的4m光学望远镜同时进行光学成像和光谱测量的可行性。如果可行，则建议为10—20年内的最高优先度项目。同时，视项目执行情况，考虑一亿星系光谱、图像联合巡天为50年规划的高优先度项目。

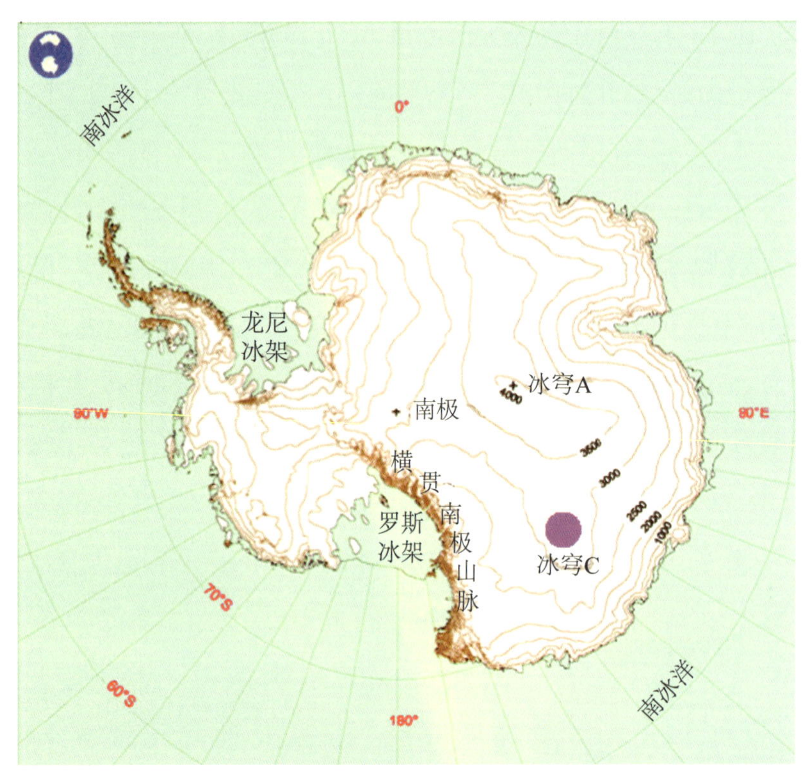

图2.15　南极冰穹A（Dome A)示意图

要最大程度地发挥上述项目的能力，需要在辅助观测、数据处理和理论方面的匹配投入。

(1)宇宙扰动初始条件。宇宙扰动初始条件的精确测量主要意义在于对于宇宙起源机制的理解。但是，因为宇宙扰动初始条件影响低红移的宇宙大尺度结构，其精确测量有助于降低对暗能量限制的不确定性。宇宙微波背景试验(如Planck卫星)将对大于~20Mpc/h的尺度上对其进行精确测量，我国短期无法与之竞争。小于~20Mpc/h的扰动可以通过红移~20—30的21cm背景获得。我国在21cm观测方面存在优势(例如正在进行的21CMA项目，目标是红移8左右的再电离)，建议结合当前21cm背景观测开展该方面(更深红移、更长波长)的预研究，包括低频噪声修正、信号处理能力等关键环节，并待条件成熟后上马相应观测项目。

(2)天体物理机制。星系形成和大尺度结构的非线性演化对所有五大宇宙学探针都产生直接或者间接的影响，是精确宇宙学时代必须认真考虑的因素。我国在星系形成和大尺度结构方面的理论研究方面具有国际竞争力，建议进一步加大理论和数值模拟方面的资金和投入，强化我国在星系形成和大尺度结构的非线性演化方面的研究，以达到暗能量精确测量的要求。

(3)天文测量和数据处理。新一代大型巡天项目的海量天文数据对天文测量和数据处理提出了巨大挑战，是这些项目必须解决的关键问题之一。建议以现有观测项目(如LAMOST)为重点，加大对天文技术和天文数据处理的资金投入，建设一支稳定、高效、优秀的天文技术和数据处理人才队伍(图2.16)。

图2.16　LAMOST望远镜
(图片来源：中国科学院国家天文台)

4) 到2050年的长期规划

面向中国天文学界公开召集方案，参照国际成功经验，进行分阶段的详细、科学的方案论证，并由权威、专业的专家委员会进行项目分阶段抉择，在适当阶段选择初步可行的方案，予以充足的资金支持，由项目提起人进行科学意义、技术可行性等方面的详细预研究，然后做进一步选择。部分可能方案(不限于此)包括：

(1) 大型21cm射电项目。理想设计：频率~40 MHz—1.4 GHz，有效接收面积10倍于第四阶段射电项目SKA。该项目将能够探测到全天的几乎所有中性氢星系，并统计测量全天的所有弥散中性氢。其科学意义在于：① 对于重子声波振荡、星系红移畸变和弱引力透镜的测量精度将达到最大统计极限；② 对宇宙初始扰动的测量将达到最大统计极限；③ 精确测量宇宙再电离历史。从统计误差的角度来讲，该项目将几乎达到暗能量测量的极限精度。当然，它仍可能存在各种系统误差，需要其他项目的校正。

(2) 其他方法、波段的探索。包括Ⅰ型超新星的地面和空间项目，紫外、X射线和伽马射线空间望远镜与伽马射线暴，甚大型空间红外望远镜(20m级)与高红移哈勃参量的测量(通过宇宙膨胀产生的谱线位置随时间的移动，即Sandage-Loeb效应)，超大质量黑洞并合产生的引力波和宇宙距离的测量以及对引力性质的限制，等等。

在暗能量研究方面，以LAMOST星系光谱红移巡天为出发点，培养一支优秀的从望远镜硬件建设到数据处理到宇宙学理论的全面的人才队伍，做出在国际上有竞争力的科研工作。以此为基础开展新一代星系光谱红移巡天项目的预研究。以该人才队伍为基础，建设十米级大视场多光纤望远镜，在暗物质、暗能量、广义相对论的宇宙学检验等国际前沿领域取得国际一流的科研成果。

2.4 中微子宇宙学与天文学

2.4.1 研究现状

近年来的大气、太阳、核反应堆和加速器中微子振荡实验结果令人信服地表明三代中微子存在互不相等的静止质量，而且不同类型的中微子之间可以相互转化(味混合)。尽管实验确定了两个独立的中微子质量平方差的大小，但是中微子的绝对质量仍旧未知。目前比较保守的、来自宇宙学观测的中微子质量上限是1eV。实验也已经确定了两个中微子味混合角的数值，但是只给出了第三个、最小的混合角的上限，约为10度。从中微子实验物理学的角度来说，至少存在下面一些基本问题亟待得到回答：

(1)中微子是Dirac粒子还是Majorana粒子？

(2)中微子的绝对质量到底多大？

(3)最小的中微子混合角到底多小？

(4)中微子破坏CP和T对称性吗？

从理论研究的角度来说，我们还没有建立中微子质量起源与味混合的动力学，也不清楚中微子、带电轻子和夸克是否可以统一在一个更基本的理论中。即将运行的大型强子对撞机(LHC)有可能帮助我们揭开基本粒子(包括中微子)的质量起源之谜。

超新星中微子在1987年首次被人类探测到，而来自地球内部的、天然放射性过程产生的地球中微子在2005年首次被人类探测到。这两项发现的深远意义在于，它们印证了中微子不仅是宇宙的奇特信使而且还是揭示各种星体内部结构和物理性质的重要工具。

迄今为止，一方面，还没有现实可行的实验方案直接探测数量巨大但动能很小的宇宙背景中微子，尽管人们确信它们的存在和对宇宙物质密度的贡献。另一方面，来自遥远天体源(包括暗物质湮没)、能量极高的宇宙线中微子的存在也是毋庸置疑的，虽然目前正在运行的中微子望远镜装置还没有探测到这些稀有的、动能巨大的天外来客。

2.4.2　发展趋势

中微子物理学、中微子天文学和中微子宇宙学的发展趋势主要体现在两个方面：① 理论研究越来越紧密的交叉互补；② 探测中微子和与其相关的天体现象的实验装置朝着规模更大、技术更先进、国际合作更密切的方向发展，以期达到做出突破性发现或者实现精确测量的物理目标，最终回答一些关于微观与宇观世界迄今悬而未决的基本科学问题。

从探测超新星SN1987A中微子算起，20年来中微子物理学和中微子天文学的重要成果几乎都是在地下实验室取得的。欧洲、美国和日本的科学家们经过反复论证得出了结论：兴建大型地下实验室和多功能探测器依旧是研究天然和人工中微子的最佳途径。一个大吨位、多功能的中微子探测器所具备的物理学研究潜力至少包括如下几个方面：

(1)探测在银河系内爆发的超新星所产生的大量中微子事例数。

(2)探测高统计量的太阳中微子。

(3)探测高统计量的大气中微子。

(4)探测来自地球内部的中微子。

(5)开展无中微子的双β衰变实验。

(6)探测加速器或核反应堆产生的中微子，进行长基线中微子振荡实验。此外，地下实验室也是开展探测质子衰变和寻找暗物质实验的最佳场所。

开展地下实验的优点主要体现在以下三个方面：

(1)由于地下实验室对宇宙线起到了很强的过滤作用，因而它具有低本底的特性，适宜于微弱信号的探测，具有发现新物理的潜力。

(2)由于地下实验室对低能宇宙线的屏蔽，人们能够对高能宇宙线进行更好的测量，进行远高于现有加速器能量的科学研究，起到与加速器上的物理研究互相补充的作用。

(3)一个地下实验室不仅用于粒子物理学、宇宙学和天体物理学的研究，对其他科学和技术领域(诸如核物理学、材料科学、微生物学和地球科学)也具有巨大的科学价值和实用价值。

另一个重要的发展趋势是兴建大型的超高能中微子望远镜。与超高能光子不同，超高能中微子不会和宇宙微波背景发生作用而被吸收。中微子的电中性也保证了它能够直线传播，其路径不会像质子那样由于遍布宇宙空间的磁场而发生变化。因此在PeV以上的超高能区域，中微子成为主要的宇宙信使和天文观测工具(图2.17)。

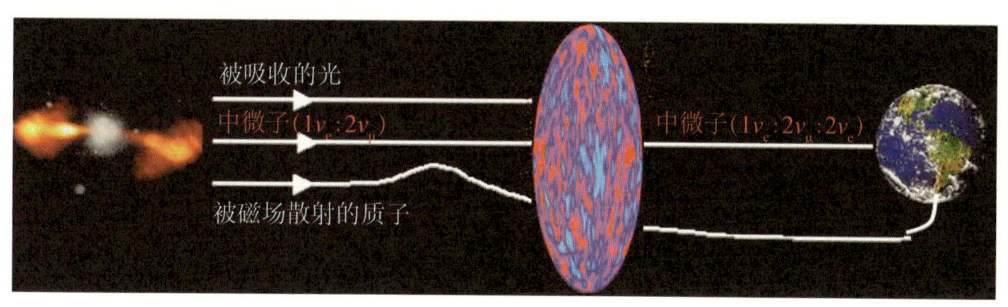

图2.17　高能宇宙“信使”光子、中微子与质子在宇宙空间中的传播

超高能中微子天文学将在如下三个层次对人类进一步理解宇宙线的起源产生巨大影响：

(1)直接定位产生超高能宇宙线的天体源。

(2)确定超新星爆发、活动星系核、伽马射线暴等已知天体的高能发光机制，进而探索其母粒子(即质子或原子核)的加速机制，从中获取超高能宇宙线起源的信息。

(3)探索极高能条件下强相互作用的规律，特别是通过探测GZK截断过程(即能量在60EeV以上的极高能宇宙线粒子与宇宙微波背景相互作用导致能量的损失变成较低能量的粒子，从而就此截断宇宙线的能谱)所伴生的中微子来研究极高能宇宙线的产生机制。此外，探测来自太阳或地球内部、被引力场俘获的暗物质的湮没所产生的超高能(TeV左右)中微子也是间接寻找暗物质的有效途径之一。

与硕果累累的地下实验室相比，目前世界上正在运行的超高能中微子望远镜还没有做出历史性的发现，即人类尚未观测到来自银河系或者河外星系的超高能中微子。超高能中微子之所以非常难以探测，主要原因在于它的事例数太低。因此欧美各国正在以前所未有的规模和投入建造超级中微子望远镜，竞相开展超高能宇宙线中微子的探索性实验，力争率先开启中微子天文学的新窗口。

2.4.3 面临的挑战

下一代的大型多功能地下探测器预期可达到5万至100万的吨位，它们都以液体作为靶材料和探测媒质，主要有三种类型：百万吨的水切连科夫探测器、新型的液氩探测器和大型的液闪探测器。建造和运行如此规模的探测器面临着巨大的技术挑战和费用问题，因此实验室地址的选取、探测技术的确定和设计方案的优化都需要深入细致的可行性研究，既要体现基础设施的多功能用途，又要有利于某些特定的科学目标的实现（如暗物质的探测、质子衰变的探测、天然或人工中微子振荡的探测）。具备了较为成熟的R&D预研之后，建造一个超级地下探测器可能需要10年以上的时间。

在深水下或者厚冰层下工作的、体积达到$1\times10^9m^3$的切连科夫中微子望远镜能够较好地探测TeV至PeV能区的宇宙线中微子。正在南极建造的IceCube和计划在地中海建造的KM3NeT属于这种类型的中微子望远镜，它们均采用光学探测技术，可以分别观测来自北天区和南天区、穿过整个地球的超高能中微子。由于100PeV至100EeV能区的极高能中微子的流量非常低，IceCube和KM3NeT探测器的体积依然太小而不足以对它们实施有效的探测，因此需要发展有效探测面积更大、更廉价的探测器。有待开发的新技术包括用光学、声学和无线电手段探测极高能中微子引发的空气簇射，从而建立统计量比IceCube高100倍左右的超大探测器阵列，最终实现对GZK中微子的发现和测量。

2.4.4 发展战略和目标

建造大型的多功能地下实验室和超高能中微子望远镜将有助于我们回答21世纪粒子天体物理学十大难题中的绝大部分：

（1）宇宙究竟是由什么组成的？

（2）暗物质和暗能量的性质是什么？

（3）质子的寿命是有限的吗？

(4)中微子的基本性质是什么?

(5)中微子在宇宙演化过程中扮演什么角色?

(6)中微子能够传递太阳和地球内部以及超新星爆发的哪些信息?

(7)宇宙线的起源是什么?

(8)极高能天区具有怎样的景观?

(9)我们能够探测到引力波吗?

(10)引力波能够传递关于激烈的宇宙过程和引力性质的哪些信息?

因此下一代地下实验室和中微子望远镜的建设成为欧美日等主要发达国家基础科学研究的重要前沿发展方向。

中国作为快速发展的大国正在逐年增加基础科学研究的投入,其规模和水平也在逐步提高,有理由、有能力在中微子物理学、中微子宇宙学和中微子天文学的前沿领域占有一席之地,并争取做出原始创新的重大发现。因此,发展自己的大型多功能地下实验室项目并积极参与超高能中微子望远镜的国际合作应该成为我们在该领域的中长期发展战略。

战略目标是:建设中国自己的多功能国家地下实验室可以分阶段进行,以长远、可更新、多学科的交叉与综合为目标,着眼于上述有重大物理意义的研究课题。一个包含多学科研究项目的地下实验室将发挥类似于羊八井观测站在高海拔大阵列天文观测方面的优势,拓宽我们的研究领域,并起到基础科学研究平台的作用。同时要加强国内已有的粒子天体物理学等学科的理论研究,开展更富于原创性的工作。

一个多功能的国家地下实验室可进行的重要物理研究至少包括如下几个方面:

(1)利用有限距离之内的核反应堆或加速器产生的中微子束流做中等基线或长基线的中微子振荡实验,精确测量中微子的混合角和质量平方差,探测CP破坏效应和非标准相互作用。

(2)探测太阳中微子和大气中微子，开展无中微子的双b衰变实验。

(3)直接探测暗物质，探测超新星中微子，研究核天体物理学。

(4)开展测量质子衰变甚至中子–反中子振荡的实验。

(5)研究深部岩体力学、地质与地球物理学、生物学和微生物学，并进行精密核分析等科学工作。

一方面，目前中国科学院、清华大学和上海交通大学等单位正在考虑以四川锦屏隧道作为国家地下实验室的可行性。该隧洞达到欧美日各国地下实验室埋深的最先进水平，可以对宇宙线产生的本底做最有效的屏蔽(图2.18)。

图2.18　建设中的四川锦屏隧道

另一方面，建设中国自己的超高能中微子望远镜，以求在快速发展的超高能中微子天文学领域有所建树，也是一个值得追求的战略目标。也许可以利用成熟的广延空气簇射探测技术，探测那些贴近地平线入射到厚度约几十千米的山体的超高能τ中微子与山体岩石相互作用产生的τ轻子逃逸出来在空气中衰变导致的级联簇射效应。这就是CRTNT(宇宙线τ中微子望远镜)的基本物理想法，尽管它的可行性还有待进一步的研究。探测超高能中微子也许是我国未来宇宙线科学研究的发展远景之一。

在大亚湾核反应堆中微子振荡实验完成之后，中国的中微子物理学和中微子天文学的战略发展重点将是多学科、多用途的国家地下实验室建设。通过建立自己的地下实验室,中国可以培养出一支从事非加速器型基础科学研究的人才队伍,这将和在前沿领域做出突破性发现具有同样的意义,甚至更为重要。一个多功能的地下实验室要具备可持续发展的空间,它的存在可以为探索各种新物理的工作提供可操作的平台并节约时间,不至于因为缺少基础设施、一切从头开始而丢失或错过科学发现的最好时机。

第 3 章

量子世界的调控 与信息、能源、材料等技术的新突破

3.1 引言

3.1.1 信息时代的科学基础

20世纪量子论和相对论的建立，从根本上改变了人类的时空观、运动观和物质观，以及对微观、宏观到宇观世界的认识，导致一场新的科学革命，推动了交叉学科的发展，为信息时代的到来奠定了科学基础。

19世纪末，经典物理已形成相当完整的科学体系：完美的经典力学，由热力学与分子运动论结合产生的热学，由麦克斯韦方程统一起来的电学、磁学和光学，综合在一起，似乎已构建成一个完美的物理大厦。然而，这个大厦的上空飘浮着两朵“不祥的乌云”：黑体辐射问题中的“紫外灾难”（由短波部分引起的辐射总能量发散）和以太漂移实验的失败，预示着一场新的科学革命。

1900年普朗克提出黑体辐射率，1905年爱因斯坦提出光量子假说和光电效应预言，1912年玻尔提出原子中电子轨道的量子化，开创了量子时代。20世纪20年代，薛定谔、海森伯、狄拉克等建立了崭新的描述微观世界粒子运动规律的量子力学，完成了与经典物理的根本决裂。量子力学揭示了原子、分子的内部运动规律，奠定了化学键和化学反应的理论基础，导致了固体电子论的建立。超导、超流等宏观量子现象的发现和微观机理

的揭示，导致对物质世界认识的新飞跃。

爱因斯坦1905年建立的狭义相对论和1916年建立的广义相对论，深刻揭示了时间、空间性质与运动及物质、引力的联系，彻底改变了人类的时空观、运动观和物质观。在宇观世界的研究中从哈勃定律和大爆炸理论的提出，到微波背景辐射、黑洞、暗物质、暗能量的发现，使宇宙学的研究进入一个定量研究的新纪元。在微观世界的研究中"基本粒子"家族的成员不断被发现，Higgs机制的提出，弱作用和电磁相互作用统一理论和"标准模型"的建立，构成人类认知客观世界的又一次突破。

从宇宙暴胀、暗物质、暗能量、黑洞等宇观现象，到超导、超流、玻色—爱因斯坦凝聚、量子霍尔效应等宏观量子状态，再到Higgs 机制、夸克禁闭等微观规律，这些千变万化、繁花似锦的物理现象遵从一些共同的、普适的自然规律。对各种原子、分子和凝聚态物质新现象、新状态的研究和许多新概念的建立，诸如"准粒子元激发"、"对称破缺"、"标度不变性"，等等，一次又一次地成为认知复杂系统新概念的源泉和检验场所，构成联系夸克到宇宙的桥梁。统计1977—2009年的诺贝尔奖，与原子、分子和凝聚态量子现象相关的共有18项物理、化学奖。这些革命性的进展对其他交叉学科，包括生命科学、地球环境科学等都产生了深刻的影响。

20世纪40年代电子技术和计算技术的发展导致了影响深远的第三次技术革命。图灵、香农、冯·诺伊曼等数学家奠定了计算机的数学基础，但计算技术的飞跃发展主要得益于半导体晶体管的发明、大规模集成电路的广泛应用和固体存储介质的巨大进步。没有凝聚态物理和新型材料研究的支撑，这些成就是不可思议的。基于量子力学原理的激光器的发明，光纤的发明和广泛应用，导致了通信技术的革命。在高能物理研究中首先引入的互联网技术开创了海量信息高速传输的新时代。基于相对论的质—能对应关系和中子诱发的核裂变链式反应，原子弹和可控裂变反应堆相继实现；聚变反应已在氢弹中实现，用于能源的可控聚变反应堆也在探索之中。一旦突破，人类将在很大程度上摆脱能源危机的羁绊。电子、计算机、通信、互联网、核能技术的飞速发展，加上航空航天技术、材料科学和生物技术的长足进步，从根本上改造了物质生产、社会服务和人类生活的各个方面，造就了现代信息社会的物质文明。

3.1.2 从“观测时代”到“调控时代”的转变

量子力学的建立从根本上改变了人类对微观世界的认识。然而，量子理论的概念与人们的直观感觉格格不入。微观粒子具有“波粒二重性”，既像粒子，又像波，无经典轨迹可言。它们的速度和坐标不能同时确定，它们的不确定度要满足所谓的“测不准关系”。“自旋”是微观粒子的量子特性，粗略地可以将它设想成一个小陀螺或小磁矩。经典的磁矩有确定的指向，而量子自旋有可能指向任意方向，只有通过测量才能知道它在给定方向的“期待值”，但经典测量却破坏自旋本身的相干性。长期以来，量子力学似乎是为了克服20世纪初物理学面临的危机，在经典理论不能解释的实验现象“逼迫”下，发挥人脑的超乎寻常的想象力构造出来的，很有用的理论，但秘不可测，是一种“自在之物”。

现代科学技术的发展逐步改变了这种状况。利用STM（扫描隧道显微术）可以观察和移动单个原子、分子；运用飞秒、阿秒激光技术可以研究分子内部，甚至原子内部的动力学过程；可以一层一层、一列一列地将原子、分子构筑成晶体，可以产生和探测单个光子；利用ARPES（角分辨光电子能谱）、STM和中子散射可以确定凝聚态的“元激发能谱”等。这些过去不可思议的手段已经使原子、电子、光量子等量子世界的对象逐渐变成可以“看得见”、“摸得着”、可以调控的“为我之物”。从这个意义上说，80年前提出的量子力学又进入了一个崭新的发展时期，从“观测”、“解释”阶段进入“调控时代”。利用各种先进的现代科学技术，去制备、检测、调控量子体系，是使量子世界从“自在之物”变成“为我之物”的转变过程。

无论生命物质，还是非生命物质，都由原子和分子构成，它们的性质最终是由电子运动的特性决定。现在我们已能直接观测单个分子、原子，甚至单个电子，能够了解原子间、分子间、电子间的相互作用，能观察并能理解这些作用所导致的各种物性和新奇现象，我们正在逐步学会调控这些相互作用，在原子、分子，甚至电子水平调控物质、能量和信息的交换过程。当然，我们还处在初始阶段，真正做到按人类的需求改造整个物质世界，还有很长一段路要走。

3.1.3 需求和梦想

向“调控时代”的转变不仅是一种可能性，更是时代赋予我们的使命，历史对我们的挑战。

半导体集成电路的高速发展大体可用“摩尔定律”描述：每18个月，芯片上集成的晶体管数目翻一番。这是现代信息革命一个主要的推动力。过去，常有人“预言”，立足于硅基片工艺的大规模集成技术“快走到头了”。事实上，硅工艺表现出了异乎寻常的生命力，一次又一次地打破这些“预言”。但现在，这样的发展真的快走到尽头了：一个是实际问题，散热不能再减少，即使最大限度地发挥工程师的想象力，再也找不出新的“绝招”；另一个是原理问题，芯片元件的尺寸在不远的未来达到经典物理极限，最终使得器件有源区成为一种尺度已能与电子波长相比拟的量子结构，经典物理的规律将不再适用，各种量子效应会显现出来并最终成为微尺度下的普遍行为，必须根据量子力学，探索全新的器件原理。图3.1标的是每个电子器件中的平均电子数，外推到2014年左右，就只剩下一个电子了，那时基于经典物理的描述会完全失效。

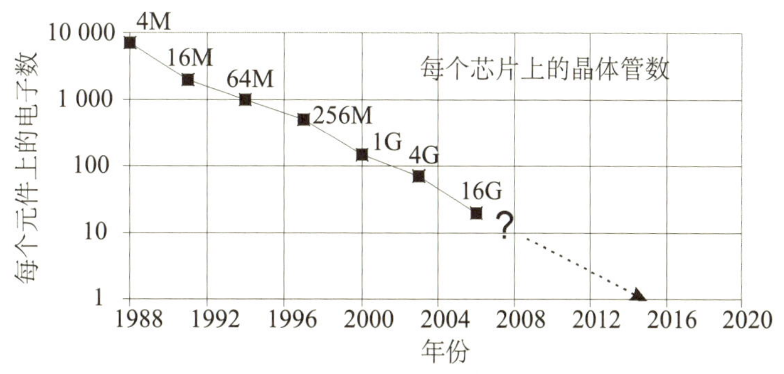

图3.1 元件中电子数和芯片上的晶体管数随时间变化预测图

针对第一个困难，要寻找新的信息载体：除了电荷外，可以运用电子的自旋自由度，开发“自旋电子学”，还可以利用各种分子和纳米结构。除了半导体和传统的磁性材料外，还需要开发更广泛的新型材料，如金属氧化物等，探索它们的新奇特性。针对第二个困难，除了开发基于量子力学的新器件原理外，更要把量子力学原理与信息技术结合起来，发展全新的量子信息技术，孕育一场新的信息技术革命。

人类面临的另一巨大挑战是能源：化石能源早晚会用尽，核能、水力、风力发电都可发展，但都有局限和困难。最理想的出路是充分利用太阳能，它是“取之不尽”的源泉，但目前已有的太阳能发电技术成本高、效率低。如果我们能按照需要的性质合成新型的材料，像植物的光合作用那样高效率地利用太阳能，能源问题就有了“一劳永逸”的解决。当然，现在这还是一个梦想。

科学技术的进步造就了现代社会的物质文明，但也导致能源和其他物质资源的巨量消耗，造成对人类生存环境的严重污染。如何在原子、分子层次找到有害物质降解的有效方式，从根本上治理污染，找到环境友好、可持续发展的途径，是人类面临的另一巨大挑战。

掌握生命的奥秘，甚至进一步合成生命，让无生命物质与生命物质“对话”（不仅交换物质、能量，还交换信息），是人类的另一个梦想。实现人类社会本身的和谐，实现人类与自然环境的和谐，是我们的“终极目标”。为了实现这些人类的梦想，为了能持续地满足人类的能源、环境和信息需求，关键的一步是学会控制“量子世界”，调控组成物质的原子、分子和电子，调控它们的电荷、自旋、轨道等自由度，调控它们的相互作用，操控它们与“外界”，特别是光量子的相互作用和这些作用所导致的各种奇妙现象。

对量子态调控的研究，是当代科学的前沿和战略方向，又是关系国计民生和国防安全的高技术产业的源泉和基础，这已成为各国科学家和政府决策部门的共识。我国已将“量子调控”列为《2006—2020年国家中长期科学技术发展规划》的四项基础研究《重大研究计划》之一。美国国家研究院(National Research Council)发布的2006—2010年原子、分子物理和光学研究指南称为《调控量子世界》,美国能源部2007年发布的基础能源研究指南的标题是《指挥物质和能量:对科学和想象力的五大挑战》,核心问题就是“调控”。

3.1.4 支撑条件和主要措施

量子调控的相关研究是跨学科的研究前沿,既探索自然界的基本规律,又关系国家在信息、材料、能源、健康、安全等重要领域的重大战略需求。为建立强大的科学储备和科技攻关力量,必须加大国家的支持力度,并保证持续和稳定。已建立和正在筹建的国家(重点)实验室(特别是北京凝聚态物理国家实验室)是有效的支撑平台。要以这些实验室为核心研究基地,联合国内有实力的高校和研究所,共同攻关。建议我国相关部门采取以下主要措施:

建设一批先进的大科学装置。按传统观念只有粒子物理和天体物理需要大科学装置,现在有了很大变化。为加速原子–分子–光学物理,以及凝聚态物理的发展,必须建设国际一流水平的电磁辐射源(同步辐射加速器、自由电子激光、达到极限光场的激光等)、中子源(高通量反应堆、散裂中子源等)、高能粒子源(电子、质子、重离子加速器)和配套的高时间、空间、能量、自旋分辨率谱仪。为开拓量子信息研究,需建设空间和地面的大型信息发射、接收和中继装置。

部署研发一批先进的、具有自主知识产权的科学实验装置和技术,例如,高时间、空间、能量分辨的单量子探测技术,高次谐波X射线技术,极限脉宽激光技术,高精度时间频标技术等。

改革科研和教育管理体制,更充分地发挥现有人力、物力、财力的作用,实现研究工作和人才培养方面的跨越式发展。

加强学科交叉和扩大国内、国外交流与合作。

3.2 重要研究方向

3.2.1 精密测量

精密测量是多学科交叉的研究前沿，包括运用高精度的测量技术进行基本物理量的精确测量、物理学中的基本规律及其内在联系的实验检验等。研究精密测量过程中的物理问题，发展并改进精密测量技术，是科学创新及技术革命的重要源泉。

精密测量对科学的发展有巨大促进作用：精密测量有效数字每提高一位，往往预示着新的物理效应或自然规律的发现。自然界基本规律的确立或推翻，最终依靠的是精密测量。量子论建立的实验基础是原子光谱的精确测定，而相对论对“以太论”的“最后一击”来自迈克耳孙用光干涉仪对光传播速度的多普勒效应测量。

刚建成的欧洲联合核子研究中心(CERN)欧洲大型强子加速器 LHC要检验粒子物理的“标准模型”(相当于粒子物理的“元素周期表”)是否正确，重要的目标之一是寻找所谓的“超对称”粒子。令人意想不到的是，精密的原子物理实验，通过测量微小的电偶极矩，也可检验“超对称”理论(图3.2)。根据通常的理论，包括“标准模型”，原子中正负电荷的重心重合，不会有电偶极矩；而按照“超对称”理论，正负电荷的重心不重合，沿自旋极化

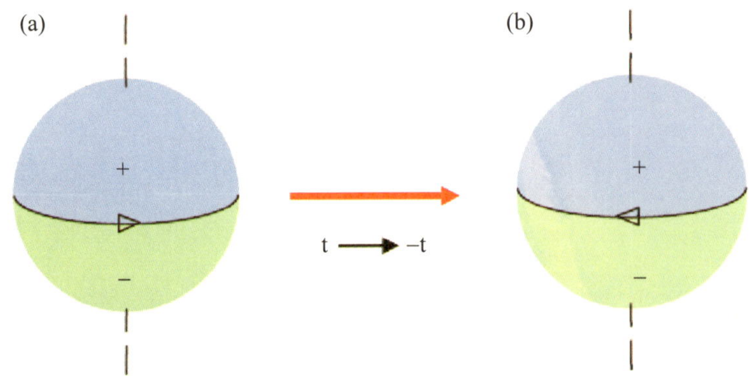

图3.2　时间反演对称破缺示意图(National Research Council, 2006)

方向会产生一个非常微小的电偶极矩。但是,要测出这么小的偶极矩,实验要求的精度是惊人的:如果把原子放大到地球那么大,需要测量的正负电荷相对位移不到千分之一纳米!为了测出如此微小的电偶极矩,要精确地测量磁共振的频移,准到1个纳赫兹,也就是30年进动一周。

人类对自然规律的探索永无止境,因而对精密的追求也永不停止。可以预期,精密测量还将取得更大的进展:在检验基本物理定律方面,精密测量技术将用来探索永久电偶极矩、电荷-宇称-时间反演(CPT)对称破缺、光子静止质量以及精细结构常数是否随时间、空间变化等重大问题。

同时,精密测量的应用将在提高全球定位系统(GPS)和导航精度、重力测量、引力波检测等方面产生巨大的推动,从而在基础研究及实际应用两方面都开拓出新的时代。在研究量子现象过程中所开发的相关技术及研制的仪器,包括激光技术、磁共振成像等,已在今天的实验科学中得到广泛应用,从天文学到生物学,覆盖整个自然科学。在许多情况下,它们使开创性的实验或观测成为可能,并产生革命性的新观念。

原子(离子)能级和跃迁频率的精密测量是一个巨大的挑战(图3.3)。现在世界上最精确的铯原子喷泉钟放在美国科罗拉多州的国家标准局,它的相对精度达到亿亿分之一,也就是6千万年才差1秒。为了达到如此的精度,不仅要把原子冷却到极低的温度,还要用量子力学的原理把相当大数量的原子(如1000个)"纠缠"起来,变成"超原子",以减少"散粒噪声"。达到这样高的精度不是为了纯粹追求记录,而是具有重要的实际意义,涉及国家的安全和重大的技术应用。精密的时钟是发展全球定位系统(GPS)的关键技术,发展小型化的精密原子钟对GPS、精密磁强计、导航等技术至关重要。

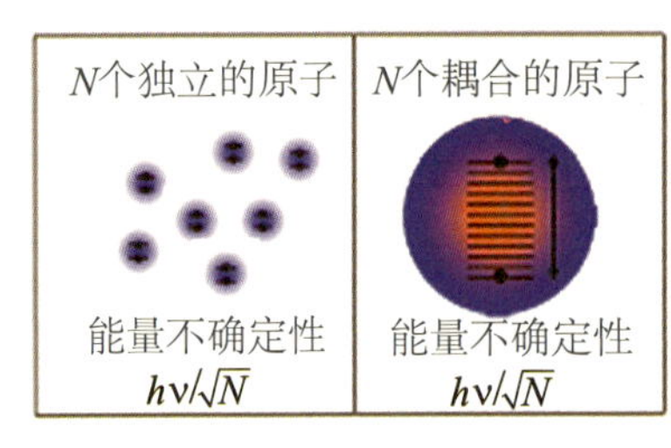

图3.3 喷泉原子钟和全球定位系统(GPS)示意图(National Research Council, 2006)

3.2.2 受限量子体系和量子态的探测

这里说的"受限"指一个或更多空间维度达到量子效应突出显现的尺寸,如几个,甚至单个原子层构成的二维薄膜(像石墨烯,graphene)、量子线、碳纳米管等。我们特别着重讨论所谓"小量子系统",就是研究几个到上百个原子直径大小的纳米尺度结构,如量子点,并使用原子、分子物理学和光学技术,将原子逐个组装起来(atom-by-atom),实现其量子行为的有效控制。大分子、分子团簇和凝聚体中的局域团簇,如金刚石中的杂质–空位缺陷组合,也是小量子系统。这些体系的研究可以为分子科学和光学带来新的研究机遇,并在社会应用方面产生深远的影响。

通过严格控制分子束外延生长条件,可以制备出低载流子密度($10^{11}cm^{-2}$),高迁移率(10^7 cm /(V·s))的准二维电子气(2DEG)样品(如GaAs 掺杂系列)。一方面,由于屏蔽长度大,很容易通过金属栅极调控载流子浓度,运用电子束光刻技术可以自上而下(top down)制备尺度为几十纳米的量子线、量子点,如图3.4所示。另一方面,按照自下而上(bottom up)的方式从原子、分子出发,通过"自组装"也可以构建量子点的点阵和类似的量子器件,成为一种与自上而下相辅相成的另一种技术路线。在二者交汇之处所形成的小量子系统成为量子调控研究的重要对象。

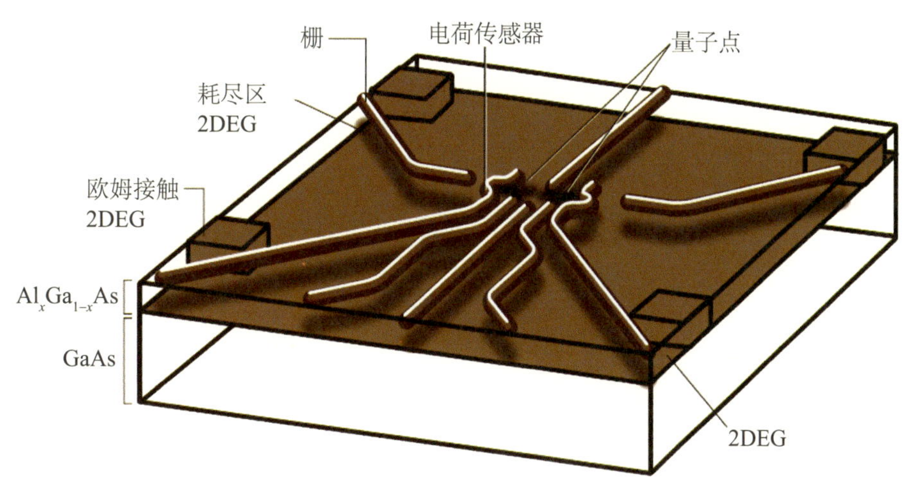

图3.4　基于二维电子气的量子点结构

量子态是物理体系的基本状态，对电子、光子、原子、分子等微观粒子，它由波函数和能量、角动量、自旋等量子数表征。由大量微观粒子构成的凝聚体是一个宏观体系，它的基态可以是“正常态”，如金属、半导体或绝缘体，也可以是“宏观量子态”，如“玻色–爱因斯坦凝聚态”、超导或超流态等。这些体系的低能量激发态通常可用“准粒子”或“元激发”能量的叠加来描述。体系的量子态不仅决定了微观体系的定态特性，而且它在外场下的变化规律决定了体系的动态特性。

准粒子（元激发）

电子、原子、分子等微观粒子是物质的结构单元。没有相互作用时它们也是独立的运动单元。有相互作用时，它们不再是独立的运动单元。以一维原子链为例，每个原子相对于平衡位置的偏离是互相耦合的，但可以看成是若干“简谐”振动的叠加。这些简谐振子的低能激发态要“量子化”，可以用一种“准粒子”–“声子”来描述。类似地，“激子”、“极化子”、“等离子激元”、“磁子”（自旋波）等都是“准粒子”。这些准粒子与粒子类似，有能量–动量的色散关系 $\varepsilon(p)$，有电荷、自旋等量子数，如半导体中的电子、空穴就是自旋为1/2的准粒子，遵从费米统计。但是，这些准粒子只是运动单元，不是结构单元，离开母体就不存在了。

为了观测和操控量子态必须具备与它的尺寸和特征时间相适应的空间和时间分辨率，就是空间分辨率要达到纳米和亚纳米，时间分辨率达到飞秒(fs，10^{-15}s)，甚至阿秒(as，10^{-18}s)。G. Binnig 和H. Rohrer 发明的STM（扫描隧道显微镜，他们因此获得1986年诺贝尔物理奖）以及后来发展的各类扫描隧道探针是观测和调控量子世界的重要手段。运用这些探针不仅可以"观察"、"搬运"原子、分子，确定它们的能谱，与激光或其他外场结合，还可以调控电荷、自旋等自由度(图3.5)。

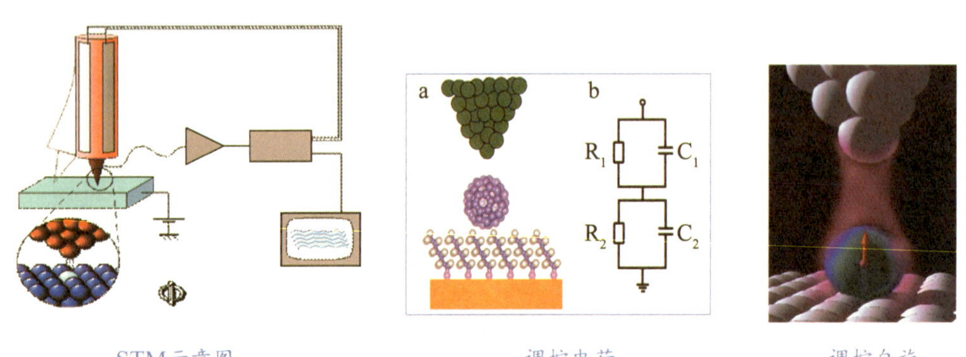

图3.5　STM调控电荷、自旋示意图(图片取自侯建国讲稿)

在迅速发展的自旋电子学、量子计算和超高密度信息储存等领域，探测几个甚至单个原子或分子体系的磁性质非常重要。美国的一个研究小组花费五年多的时间研制成功一台高稳定性的低温STM，于2006年成功地把STM和超快激光结合到一起，观察到了单个光子和单个分子的耦合过程(Wu et al., 2006)，使在单分子水平上研究表面化学反应的动力学过程和光学现象成为可能。在取得高空间分辨、时间分辨和能量分辨的情况下，研究表面的各种动力学过程，会使一些重要的科学问题(如化学键的形成)有望得到澄清。这些实验技术的发展，不但使人们观察量子现象的能力大大地提高，同时也为精确操控量子现象提供了强大的手段。

另外一个可以有望测量单个自旋的手段是自旋磁共振力显微镜(图3.6)。传统核磁共振成像所能分辨的最小物体至少包含10^{12}个核自旋；电子自旋共振成像，所需的电子数目至少也要

在 10^7 以上。2004年IBM的D.Rugar等将纳米机械技术、磁共振成像方法与原子力显微镜结合，研制成功自旋磁共振力显微镜(Rugar et al., 2004)，用这种显微镜原则上可以探测单个电子的自旋，其应用前景广阔，既可以用于原子尺度上对大分子(如蛋白质)进行三维成像，也可以用在基于自旋的量子计算机上，作为量子比特的读出器(图3.6)。

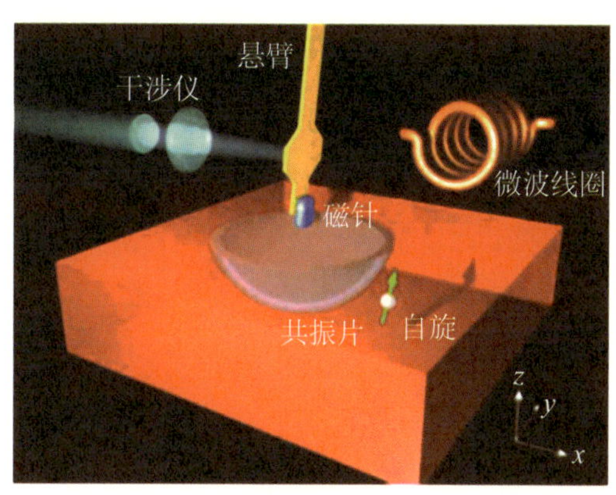

图3.6 自旋磁共振力显微镜示意图(Rugar et al., 2004)

严格说来，人们对单个原子、分子、电子的调控还刚开始，要制备准确可控的单电子、单自旋、单光子源，准确无误地探测单电子、单自旋和单光子，还有很长的路要走，但“调控时代”已经开始了！

3.2.3 量子信息科学技术的基础研究

20世纪后半叶是信息革命的时代。以大规模集成电路为基础的电子计算机、以激光技术为基础的光纤通信网络和互联网技术，是信息时代最重要的推动力。可以预期，量子理论与信息技术在21世纪的有机结合会产生一个全新的学科——量子信息科学，它可能导致一场更新、更深刻的革命。

传统信息处理是基于两个经典状态0和1来编码二进制数，如101代表5的二进制数，在给定数位上，非0即1。而量子信息的基本工作单元是两个量子态0和1构成的量子比特，在给定数位上，可以非0非1，是它们的相干叠加。因此，量子比特具有量子相干叠加衍生的各种量子特性，如量子纠缠、量子并行和量子不可克隆(测量和复制过程会破坏相干性)等。基于量子比特的信息处理过程遵从量子力学规律,因此能够用一种革命性的方式对信息进行编码、存储、传输和操纵,可以实现利用任何经典手段都无法完成的信息功能,在提高运算速度、确保信息安全、增大信息传输容量等方面突破经典信息的局限性。

早年爱因斯坦等用基于量子纠缠的EPR佯谬来质疑量子力学的正确:按照量子力学,如果两个自旋处于或"同时向上"或"同时向下"的"纠缠态"中,不管它们相距多远,对其中一个自旋进行"测量",一旦发现这个自旋向上,那另一个自旋就一定也是向上。这是当年爱因斯坦质疑量子力学的一个重要论据,它启发了后来关于光子、原子的"隐形传态"理论构想,现在已经在实验上观察到,并用来开发保密通信。

量子纠缠(Quantum Entanglement)

每个量子比特(可设想为原子)可处两个状态之一,自旋向上$|\uparrow\rangle$,或自旋向下$|\downarrow\rangle$。根据"叠加原理",两个方向有等同机会出现的状态可表示为

$$|\Psi\rangle=|\uparrow\rangle+|\downarrow\rangle.$$

两个量子比特(两个原子),用1,2标记,可处的状态可分为两种类型:

$$|\Psi\rangle_{可分}=[|\uparrow\rangle_1+|\downarrow\rangle_1][|\uparrow\rangle_2+|\downarrow\rangle_2],$$

$$|\Psi\rangle_{纠缠}=|\uparrow\rangle_1|\uparrow\rangle_2+|\downarrow\rangle_1|\downarrow\rangle_2..$$

前面一种叫"可分离态",可以写成两个原子状态的乘积,每个原子处于自旋向上和向下状态的概率是相互独立的,即根据对一个原子测量的结果无法预言另一个原子的状态。后一类状态叫"纠缠态",它不能写成两个粒子状态的乘积。如果对两者之一进行测量,自旋可能向上,也可能是向下,但若测出第一个粒子自旋向上,则第二个粒子自旋也一定向上;一旦测出第一个粒子自旋向下,则第二个粒子自旋也一定向下。因此,这两个粒子的状态"纠缠"在一起,"命运休戚与共"。"纠缠"是量子体系特有的,违反直观的特性:即使两个粒子相距很远很远,甚至趋向无穷,它们的状态仍然是彼此关联的。近年来利用纠缠光子和原子进行的实验完全证实了这一特性。"纠缠"是量子保密通信、指数增长的并行量子计算能力,乃至整个量子信息技术的物理基础。

上述量子信息的优点同时导致实现量子信息产生、存储、传输和处理的巨大困难。一方面，携带量子信息的介质要“相对孤立”，避免“环境”对“相干性”的破坏；另一方面，它又要与“环境”耦合，让信息可以“写入”和“读出”。寻找量子信息的适当载体是当前国际研究的热点。

量子信息处理的最基本单元是量子比特，对量子比特执行各种普适量子逻辑门操作就构成量子计算过程。由于量子叠加原理和量子纠缠特性，量子计算机具有经典计算机无法比拟的快速、并行、高保密计算功能。可行的量子计算需要满足所谓Di Vincenzo判据，包括具有可扩展性、可初始化、可读出、长相干时间、可构造普适量子逻辑门、可网络化等。目前已有多种物理体系或方法被用于量子计算研究，包括线性光学、固态体系（如超导约瑟夫森结和量子点）、核磁共振方法、离子阱、原子腔、中性原子、金刚石缺陷组合等。已知的体系或方法具有各自的优点，可以演示量子计算的不同方面。但究竟“鹿死谁手”，还要看未来技术的发展。最近的研究表明，金刚石中的氮原子杂质和空位组成的NV缺陷对是一个很有竞争力的候选对象，它的退相干时间很长（室温下0.35ms），还可通过NV对的自旋与氮原子自旋的耦合制备自旋相干态(Hanson et al., 2008)。另一个值得注意的方向是利用半导体的深能级杂质（如硅中的Bi）自旋作量子比特，利用浅能级杂质（如P）来调控自旋间的交换作用(Vinh et al., 2008)。这个方案的优点是容易与高度发展的硅平面工艺集成。基于超导约瑟夫森结量子计算的研究，已经派生出电路量子电动力学（circuit QED）的新兴领域，对未来量子器件发展有深远的影响。

通过制备量子态并对量子态进行精密测量和相互作用的精确控制，可以进一步发展量子信息科学，这是原子、分子物理学和光学交叉领域中迅速发展的研究领域，是未来信息科学的核心内容。由于测量对量子态的破坏，量子信息不能“克隆”，传统的“中继”站的办法行不通。一个可能的出路是把光子与相干冷原子耦合起来，将信息存储在冷原子体系中，并通过对原子团簇的“纯化”来实现量子通信的“中继”（图3.7）。

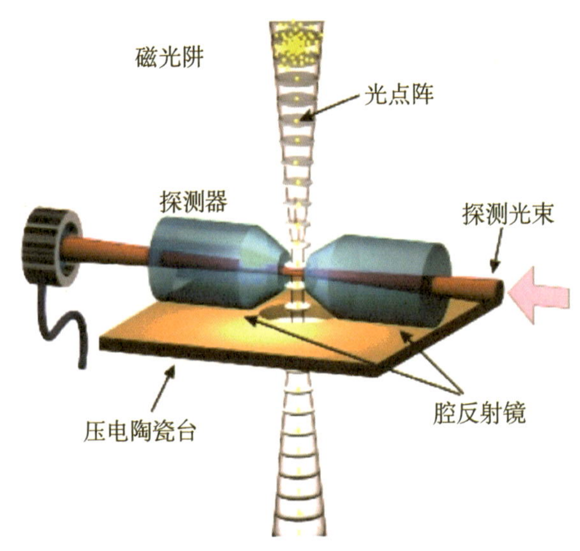

图3.7　量子中继示意图（National Research Council, 2006）

由于微观系统的量子特性，量子通信可以实现原理上保密的信息传输而成为目前量子信息的主要研究内容之一。已知的量子通信协议有量子密码、量子态传输(隐形传态和纠缠交换)、密集编码等。量子通信，尤其是基于量子密钥分发的密码系统，是量子信息领域中会首先走向实用的研究方向，因此在该方向取得实用性的成果对整个量子信息科学意义重大。量子信息科学技术的基础研究可简要地归纳为“量子工程”(quantum engineering)，它包含量子态的制备和量子器件的实现。可以相信，在量子通信和量子计算研究中发展的技术还会极大地推动其他相关领域（如精密量子测量）的发展，并有可能对量子理论本身的发展带来意想不到的突破。

3.2.4　演生现象的研究和调控

宏观物体由巨量微观粒子构成，这些宏观物体的性质如何依赖于微观粒子的特性，是一个有争议的问题。按照传统的还原论观点，只要把构成宏观物体的微观粒子的运动规律都搞清楚，就可以解释宏观的现象。著名的凝聚态物理学家，诺贝尔奖金获得者P.W. 安德森不同意这种看法。他 1972年曾在

*Science*上发表一篇文章，标题是：More is Different（多者异也）(Anderson, 1972)，他的基本观点是：由大量子系统组成的，高一个层次的复杂系统会呈现新的规律，“不能依据少数‘粒子’(指这些子系统)的性质作简单外推来解释由大量‘粒子’构成的复杂集聚体的行为。正好相反，在复杂性的每一个层次会呈现全新的性质，而为理解这些新行为所需要作的研究，就其基础性而言，与其他研究相比毫不逊色。”后来，借用生命现象的类比，他把大量粒子构成的复杂体系所表现出的，不能由组成“粒子”性质推断的行为称为“演生现象”(emergent phenomena)。这类现象在自然界比比皆是：肥皂溶液中形成的肥皂泡、自然存在或人工生长的晶体、沙滩上海浪造成的沙堆斑图、星云的螺旋结构，等等，都是很好的例子。当然，人的大脑是演生现象最令人惊讶的例子：每个神经元本身是不很复杂的细胞，但上千亿个神经元组合在一起，它们的集体行为导致了人类的认知过程。如何理解，乃至影响认知的过程是对人类最大的挑战之一。

凝聚态物理的研究大大推动了对演生现象的认识。凝聚态物质的结构单元是原子、分子，它们本身由原子核和电子构成。这些结构单元不是独立的运动单元，但它们的集体行为可以用前面已提到的各种“准粒子”或“元激发”，这些运动单元来描述。20世纪30年代建立的固体电子论奠定了这种描述的基础，到50年代，有了朗道的费米液体理论，使这种描述更加完善。整个半导体电子学就建立在这个理论基础上，相互作用，或关联比较弱的这些凝聚态物质可以通过这些几乎独立的“元激发”来刻画。

然而，由于相互作用和电荷、自旋、轨道等自由度的相互制约和竞争，凝聚态会呈展出一系列新奇的量子现象，铁磁性就是最早被认识的这类现象之一。我们的祖先发明的指南针是铁磁体，到19世纪人们发现了“居里”温度，高于这个温度，铁磁性就消失了。直到量子力学建立，才明白电子间的库仑排斥会诱导自旋间的“交换作用”，导致铁磁“长程有序”。后来，又发现了反铁磁体和亚铁磁体等。类似地，电偶极矩的有序排列会形成铁电体和反铁电体。20世纪50年代超导微观理论的建立是对演生现象认识的一个飞跃。1911年卡末林·昂内斯就发现了低温下有些金属会完全失去电阻的“超导现象”。到20世纪30年代人们意识到完全抗磁性(迈斯纳效应)才是超导体更本质的特性。再经过20年,到1957年,巴丁、库珀和施里弗才建立了令人信服的超导微观理论。这个理论的建立是人类认识量子世界里演生现象的一个重要突破,对描述微观世界的粒子物理和描述宇观世界的宇宙论都产生了深远的影响。这里一个核心的概念是所谓“对称破缺”。

对 称 破 缺

对于相当多的体系“对称破缺”是很直观的概念:一个正方形具有八个对称元素,变成长方形就只剩下四个了,这种对称性的降低或“丢失”就是破缺。类似地,一个小磁体,没有外场时可指向任意方向,具备旋转对称,但在外场中它指向外磁场方向,旋转对称性就破缺了。巴丁-库珀-施里弗超导微观理论所描述的是一种非平庸的,当体系的“粒子”数趋向无穷大时(物理中的习惯用语叫“热力学极限”)特有的对称破缺态。无穷多自由度的体系可以用不同的状态空间表示,超导态属于一个状态空间,而正常态属于另一个状态空间。“对称破缺”就是一种“相变”,从“正常态”的空间变到“超导态”的空间。超导是一种“宏观尺度”的量子态,它用“宏观”波函数,或“序参量”描述。这个序参量是复数,除了模以外,还有相位。对于一个超导体,相位是确定的,就像前面提到的小磁体,在磁场中有确定的指向。确定的相位就是“规范对称”的破缺。

“对称破缺”在演生现象中很普遍,但不是无所不在的。20世纪80年代先后发现的整数和分数量子霍尔效应就是一个反例。这些体系不能用“宏观序参量”描述,没有通常意义上的“对称破缺”。由高迁移率的二维电子体系构成的“霍尔棒”在低温、强磁场下,霍尔电导是“量子化”的,而纵向电阻是零。实验发现,量子化的霍尔电导是 $e^2/h=1/(25\ 812.807\ 572\ \Omega)$ 的整倍数(h 是普朗克常量,e 是电子的电荷,Ω 是欧姆),达到令人惊异的精度。为什么会如此呢？这是由体系的“拓扑”性质决定的，这个整数是所谓的“第一类陈(省生)数”(Avron et al., 2003)。形象地说，在量子霍尔态电子只能沿边界传导，沿上边只能向右，沿下边只能向左，遇到“障碍”(杂质)就“绕道行”。由于空间分开，就像有隔离带的上下行交通线一样，彼此不会碰撞，因而电阻为零。图3.8是个示意图。这里零电阻的“鲁棒性”是靠拓扑性质保证的，与具体几何形状没有关系。在一定意义上说，可将这些特殊的量子态叫“拓扑有序态”。最近，还发现所谓“量子自旋霍尔效应”、“拓扑绝缘体”(体材料是绝缘体，而表面是金属)(Qi et al., 2010)等。与量子霍尔态不同，这里不需要外磁场，依靠自旋－轨道耦合效应，不破坏时间反演对称。这类“拓扑序”是凝聚态体系另一类重要的演生现象。

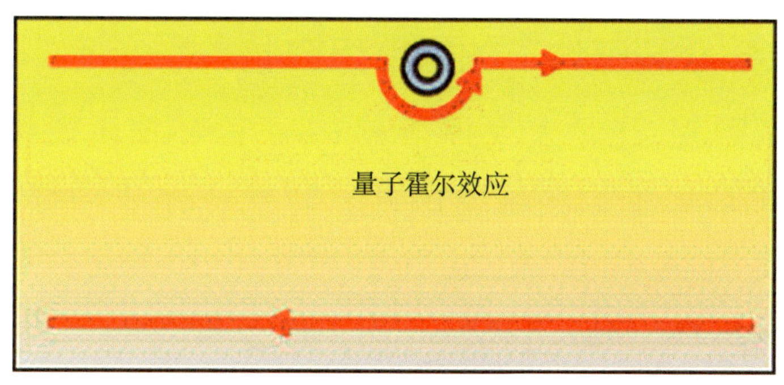

图3.8　量子霍尔效应示意图(Qi et al., 2010)

这些新奇量子体系的低能激发态也会具有许多奇特的性质，例如，分数量子霍尔效应态的元激发具有分数电荷，遵从分数统计。要能对复杂的凝聚态系统实现“量子调控”，就必须了解这些新奇量子态的本质、研究不同有序相的竞争和转变(量子相变)以及相应激发态的特性。

运用“演生现象”最近的一个例子是所谓的“拓扑量子计算”。上面提到分数量子霍尔效应态的带分数电荷及遵从分数量子统计的元激发。一般说来，这些元激发是“阿贝尔”型的，即两者可以互相交换。然而，最近的研究表明，分数量子霍尔效应在填充数为5/2 和12/5 时的元激发看来是“非阿贝尔”型的，不可对易(图3.9)。同时可以证明，运用这种系统进行量子计算非常稳定可靠，因为有拓扑性质保证(Nayak et al., 2008)。微软公司已经在美国加利福尼亚州圣巴巴拉成立了一个“Q”团队，专门研究这种拓扑量子计算的原理和方案，并大力支持若干单位有关拓扑量子计算的实验研究。

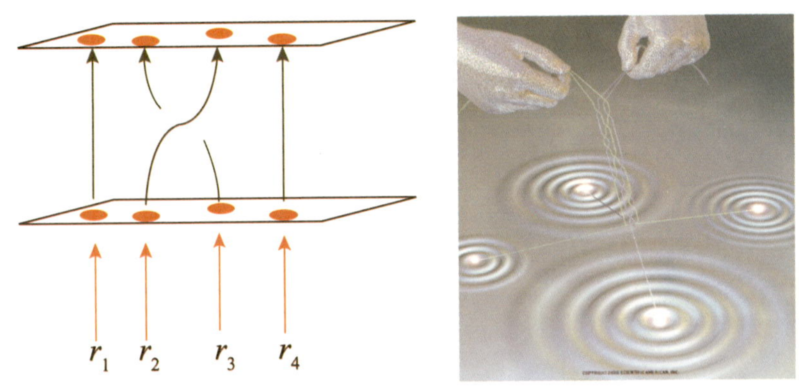

图3.9　非阿贝尔型拓扑性元激发示意图

3.2.5　极端条件下的物性研究

无论是微观，还是宏观体系，都离不开环境。要探测量子态的本征性质必须排除环境的因素。即使在体系内部，有多种不同的自由度，如电荷、自旋、轨道等，也有多种相互作用，如电子–电子、电子–晶格、自旋–自旋等，为了探测特定的自由度，阐明特定的相互作用，必须创造非常特殊的条件，包括特别低的温度、特别强的外磁场、外电场及特别高的频率、特别高的压力，等等。因此，极端条件下的物性研究是实现量子调控的一个重要领域。

(1) 向绝对零度进军

热力学第三定律认定“绝对零度”(相当于–273.16℃)是不可能达到的，但这不影响我们无限地接近它。这样低的温度下会发生一系列我们意想不到的奇妙现象。1924年玻色和爱因斯坦预言了所谓的“玻色–爱因斯坦凝聚(BEC)”现象。这个现象与量子力学的“粒子全同性原理”有关。由于微观粒子没有轨迹，不能“标记”，也就无法区分。微观粒子可分两类，自旋为半整数的叫费米子，每个状态只能由一个粒子占据，自旋为整数的叫玻色子，每个状态的粒子数不受限制。非常低的温度下，玻色子都向最低的能态聚集，量子的相干波长超过粒子间的平均距离，产生BEC现象。爱因斯坦本人当时并不太相信他们预言的这个现象真的能观察到，因为要求的温度太低了。S.Chu(朱棣文)，C.Cohen-Tannoudji 和 W.Phillips利用激光技术俘获、冷却原子气体(因此获得1997年诺贝尔物理奖)达到了极低的温度，为观察这一现象铺平了道路。1995年，在理论预言70年后，“玻色–爱因斯坦凝聚”这一令人惊异的奇妙现象终于被观察到了，E.Cornell，W.Ketterle 和 C.Wieman 因此获得2001年诺贝尔物理奖。首次实现BEC时的温度是170nK，现在的记录是0.5nK，即20亿分之一摄氏度。

令人意想不到的是，冷原子的研究可能对阐明高温超导机制、探索凝聚态理论的新范式发挥重要的作用。利用激光束形成的驻波可以构造人工的光晶格，把冷原子束缚于其中，位阱的深度可以调节，可以用来研究超流–绝缘体转变和其他复杂的物理过程，为在“清洁”的、人工可控条件下研究凝聚态物理的基本问题提供前所未有的机遇。这方面的研究是一个备受关注的热点，叫“量子仿真” (quantum simulation)。对玻色子可以研究超流到绝缘体的转变，而对费米子可以利用磁场调节原子间的有效相互作用，研究从BCS (Bardeen-Cooper-Schrieffer)配对态到BEC的转变过程。粒子间相互作用很强的体系，即所谓“强关联系统”，很难用解析方法描述，许多问题要靠计算机数值模拟，但由于计算能力的局限，往往只能处理较小的体系。冷原子、冷分子系统的量子仿真为研究这类体系提供了一种前所未有的有效途径，包括研究可控条件下的金属–绝缘体转变、超导–绝缘体转变、非费米液体行为、非常规超导机制、拓扑有序和“自旋液体”行为、高自旋体系的“自旋–向列”相和“非阿贝尔型”元激发、“合成规范场”导致的“量子霍尔效应”、各种量子相变等。

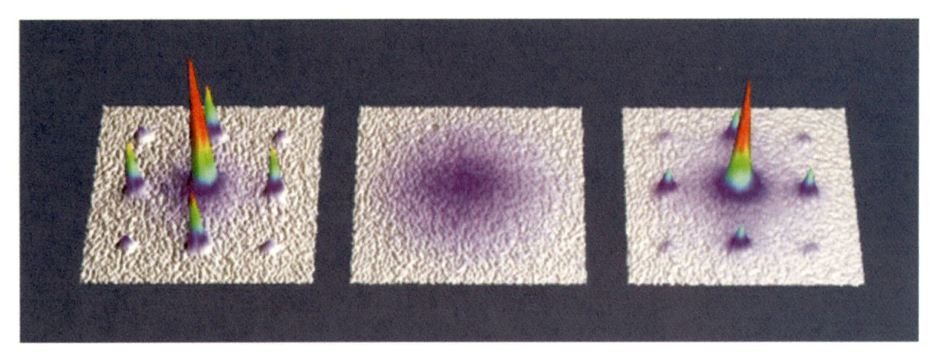

图3.10 超流－绝缘体－超流转变下的粒子动量分布(National Research Council, 2006)

(2) 实现极限光场的激光

激光技术的发展深刻地影响了整个人类社会，从光纤通讯到激光手术刀，从激光武器到日常生活中大量应用的光盘，它无所不在。近年来，以激光技术为核心的现代光学不仅造就了若干诸如激光冷却、玻色–爱因斯坦凝聚(BEC)、超快化学反应、精密光谱学等获得诺贝尔奖的工作，而且也成为物理、化学、生命科学、信息、精密计量学、国防及制造业等领域取得创新进展不可缺少的手段，促进了高能量密度物理、激光粒子加速、光学原子钟、超快动力学、激光微纳制造等许多新学科、新技术的产生和快速发展。

激光是一种电磁波，它具有振幅、频率、带宽、脉宽、相位等物理特征，作为达到极限光场的激光，是指这些有关参数接近或达到物理规律决定的极限。如目前具有极高峰值功率的超强激光、具有超宽光谱的宽带激光及具有超窄线宽的超稳频激光、波长到X射线的极短波长激光、具有极窄持续时间的飞秒及阿秒激光、具有相位精确锁定的超稳激光等。目前激光所创造并达到的许多物理极限，是其他各种形态的电磁波所无法达到的。

如何提高激光的强度，是激光专家首先关心的问题。目前通过基于飞秒激光的啁啾脉冲放大技术，人们所能得到的激光峰值功率已经超过了拍瓦(PW，10^{15}W)，其瞬间产生的功率，相当于全世界的发电功率的总量。这种高功率激光聚焦后的光场强度超过了10^{22}W/cm^2，相当于大于10^{14}V/m的电场振幅，远超过原子内的电场强度，也只有在核爆中心或某些天体中才具备这样强的极端电场，这样的强场可以把分子、原子打成碎片。实际上处于这种激光电磁场中的电子已经是相对论的，继续提高激光功率则有望观察到正负电子对的产生。近年来采用超强激光驱动的等离子体尾波场加速技术，人们已经产生了高于普通电子加速器 10^5 倍的加速梯度，这为小尺寸、低造价的台面电子加速器和伴生的同步辐射源的开发提供了可能。利用激光形成的超大的能量密度可以模拟早期宇宙的演化和恒星内部的物理过程，可以为可控核聚变过程“点火”。用超强激光场产生的高能电子束则有可能大大降低“点火”装置的造价。

利用激光扩展电磁辐射波段，也是其他技术难以比拟的，并且具有相干特性。目前通过激光技术人们已获得了覆盖THz、红外、可见光、紫外再到X射线的相干辐射源，许多国家正在加紧研制的“自由电子激光器”就是要建立比现有同步辐射光源强数十亿倍的X射线波段的相干光源。运用这种激光可以“拍摄”蛋白质等生物大分子的动态照片（见图3.11）。

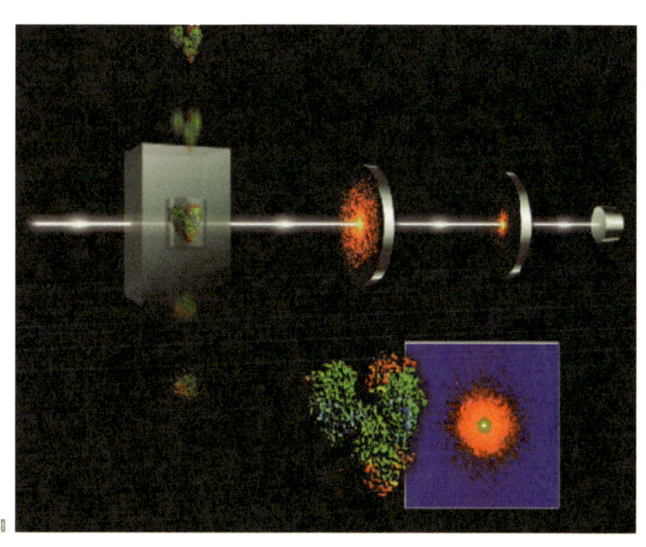

图3.11　X射线自由电子激光拍摄分子动态结构示意图（National Research Council, 2006）

激光技术的另一个前沿是获得振荡周期量级的超短脉冲，以及单周期乃至亚周期的电磁脉冲。目前通过锁模及脉冲压缩技术，人们不仅在可见光波段实现了脉宽不到3fs、持续时间仅相当于1—2个电磁波振荡周期，而且对应的带宽所覆盖的频率宽度超过了500太赫兹(THz, 10^{12}Hz)；通过对这种周期量级脉冲载波包络相位(CEP)的锁定，也前所未有地实现了对电磁波相位的精密操纵，从而能够有选择地控制光与物质的相互作用，捉捕发生在极短时间内的瞬态过程。利用飞秒甚至到阿秒量级这样短的激光脉冲，人们可以拍摄“分子电影”甚至“原子电影”，观察分子和原子内部的电子运动规律，测量单个分子的动态瞬时结构，甚至控制化学反应的路径。巧妙地利用超短脉冲激光研究的最新成果，结合计算机技术，现在可以让“分子自己”来选择脉冲序列，有选择地打开特定的化学键(见图3.12)。

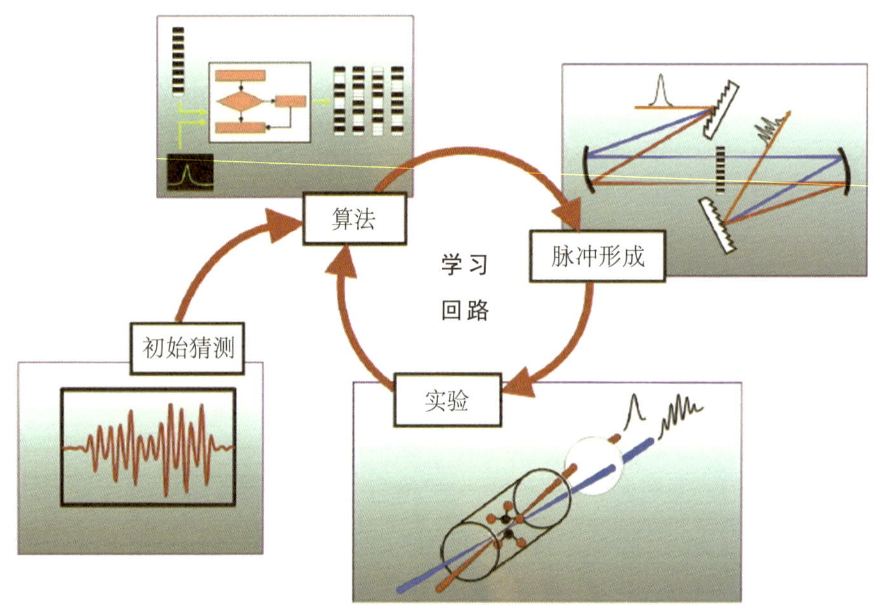

图3.12　让原子、分子“自己”选择最佳的脉冲序列来打断特定化学键(National Research Council, 2006)

但是，要“看到”原子中的电子运动，则必须用更短的阿秒激光脉冲。由于在可见光波段单周期的激光脉冲已大于1fs，如绿光的脉冲周期已是1.5fs，因此需要用波长更短的紫外或X射线来产生阿秒脉冲。目前通过800nm波长的周期激光脉冲与惰性气体产生的高次谐波，人们在软X射线波段已经获得了小于100as的极短脉宽。用其测量原子中的电子动力学特性，一个可能的方案是先用阿秒脉冲激光激发原子，再用延迟后的飞秒脉冲来进行探测(见图3.13)。

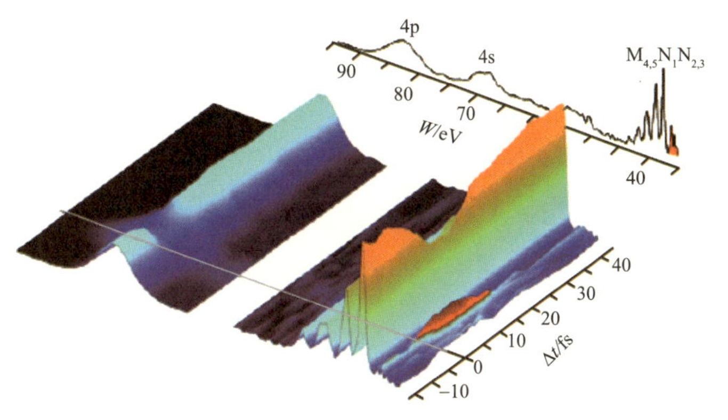

图3.13　运用阿秒脉冲激发原子，再用延迟后的飞秒脉冲探测电子运动示意图
（National Research Council, 2006）

3.3　发展战略目标

对原子、分子、凝聚物质量子态的调控，涵盖从量子态的检测与调控，到量子凝聚结构的新奇物性研究，它依赖于先进的量子结构制备技术，机械、热、声、光、电等多种测量技术的不断发展和进步，以及一系列极端条件的获得和相关大科学装置的建立。

总的发展战略是：

面向国家战略需求，面向国际科技前沿，开展基础性、战略性、前瞻性的研究；一方面，对量子态及其表征在时间、空间以及能量等多层次进行精确测量并进一步有效控制其量子行为，深入理解原子、分子和凝聚态物质电子态的奇异量子现象，逐步实现对光子、电子、原子、分子和凝聚态物质的调控；另一方面，通过控制量子结构以及学科交叉，获得量子科学在多种层次上的广泛应用，进一步促进数理、信息、材料、化学和生命科学的彼此交叉和渗透。

发展的战略目标为：

（1）为国民经济的跨越式可持续发展和国家安全提供前瞻性的科学储备。在未来50年的时间内，在不同的认知和技术层次深入理解奇异量子现象的丰富多样性，阐明量子态及其量子过程的应用原理，探索各种量子态更深层次的应用；基于对量子物质结构和性能的深刻理解和调控能力，对合成、制备节能、高效的创新型材料做出关键性贡献；依靠对微观量子过程的调控能力，促进在信息、能源、环境治理等要害领域取得新的突破；在分子水平上提出生命活动中的重大物理学问题并开拓出超越现代物理学范畴的全新研究领域；在人造量子系统、量子信息、具有新物理原理的维护国家安全的技术等方面取得突破性进展。

（2）在现有基础上，发展关键技术，建成若干具有国际领先水平的，能实现量子调控所需极端条件的大型科学装置，逐步形成若干具有国际影响的研究基地，造就一支高水平的、结构合理的研究队伍，形成若干能引领新奇物态与量子过程研究和新兴学科的有国际影响的学派，并产生若干位具有卓越学术成就的科学大师，提升我国的科学竞争力和国际地位。

3.4　发展战略重点

根据拟定的发展战略和目标，在量子态及凝聚体的奇异量子过程的探索和描述方面加强基础科学研究，注重研发精密的测量技术和先进的实验装置，探求新的概念、规律，推进量子科学与技术的深入发展。同时，与数学、信息、材料、化学和生命科学等多学科进行交叉和渗透，孕育新技术、新学科，从多个层面上满足国家战略需求。

3.4.1　量子态及其调控

对量子态进行制备、精确测量和准确控制，阐明量子态之间的相互作用以及外界环境的影响。研究内容包括：量子态的设计和构筑以及精确控制，研究具有单量子特性的体系与结构制备中的基本物理问题，探索制备单量子体系的新技术与方法及其物理机制；进行量子态特性的探测，掌握其运动的基本规律；研究量子态之间及其与环境的相互作用，通过控制环境对量子态的响应进行量子调控；发现单量子现象的新奇效应等。这是产生新概念、发现新的量子现象和量子效应的物理基础，也是物理、化学、信息、材料等领域共同关注的焦点问题，将为新一代的信息技术、材料技术和能源技术等提供新的原理和方法。

在系统、深入研究各种量子过程的基础上，特别注重开展下列研究：

1) 量子态的制备

要实现量子调控，首要条件就是能够可控地产生或制备出各种纯的量子态，特别是单光子态、单电子态、单自旋态、分子振动和转动态、量子点、量子线，以及各种位相相干的宏观量子态，对调控量子世界，具有重要意义。要实现量子态的可控制备，需要有各种极端的实验条件，如超高真空、极低温、高压，以及各种原子尺度的定位手段、复杂耦合结构的外延生长技术等。实现这些手段，本身就是一个挑战，也是提升科学水平，发现新的量子现象和规律的一个重要前提。

2) 量子态的探测

量子态的探测，就是要对各种量子态的特征和行为进行准确的检测和规范，为量子态的调控提供依据。为了实现对量子态的精确探测，就必须提高各种光、电、磁、热测量技术的性能，提升或发展新的超高能量、动量、时间、空间精度的探测手段，如超高能量动量分辨角分辨光电子谱、扫描隧道谱、飞秒(阿秒)探测技术、单原子、单分子尺度上的能谱和光谱技术等。只有这样，才能准确掌握各种量子态的特征和动力学性质，准确捕获分子内原子的复杂运动，乃至原子和分子内电子的运动，揭示自然和人造小量子系统的内部运作机理。近年来比较关注的问题包括单自旋态的注入、传输和转移，耦合量子结构中的能级及波函数在环境、外场作用下的演化过程，单分子在表面和气相化学反应的动态过程和机理，单分子的振动、转动在构形变化、电荷输运、化学键的断裂和形成过程中的作用等。

3) 量子态的调控

量子态的调控就是根据既定的目标，通过对系统施加某种或多种特定的扰动，例如电场、磁场、电磁波、压力、温差等，研究量子态的响应函数，实现对量子态动力学的精确控制。量子态的调控对象包括：通过施加直流或射频电、磁场，调制单光子、单自旋、单电子量子态；表面等离子激元及微腔中激子–光子量子态的调控；利用量子态波函数叠加的相干特性及量子纠缠，调控量子态之间的电子转移与能量转移动力学；实现光催化学反应过程中的光生载流子的激发、传输和分离；降低固态量子器件中的低频噪声，实现量子比特的集成和相干操控等。对小量子或分子系统，重点是发展量子相干等关键控制手段对超快激光脉冲序列进行整形，产生在波形、重复频率和颜色匹配方面具有极大灵活性的超短光脉冲序列，观测并控制所有时间尺度上小量子系统中的原子、分子物理、化学、生物以及材料科学相关的物理过程；理解各种退相干机制，探索通过改变环境对小量子系统实现调控的手段；利用高精度交叉分子束技术研究化学反应中的共振态结构，包括分波共振，揭示反应机理，探索调控化学反应的途径。

4) 量子态的应用研究

可控量子态的应用范围非常广泛。在原子水平上控制、操纵光与物质相互作用，并通过量子尺寸效应来改善量子器件的结构和功能，包括产生单光子的量子光学器件，高灵敏的光电纳米量子器件等。利用短波长技术、SPTM技术和负折射新材料等，研发超越衍射极限、高分辨率的光学成像和纳米刻蚀技术以及超级透镜等光学相关元件，发展单分子成像等新技术。在能源、医药、卫生等领域的应用包括：高效的光开关、光源(照明)和光伏电池，可用于平板显示器与电视的纳米结构电子发射器、环境监测的传感器等；通过局部光吸收和加热可以杀死癌细胞，利用光制导和光活化可实时监测药物行为，开发更有效的、更具个性化的、基于分子的新疗法。

3.4.2 精密测量

对原子、分子和光学的量子态测量，其实验的精密度和准确性已经达到很高的水平，可以用来验证若干从未做过但又十分迫切的检验自然界最基本规律的实验。发展先进的实验科学装置，通过精密测量，探索未被发现的物理定律并验证物理定律是否随时间和空间变化。一方面，通过对原子的精密测量探索新的物理定律，通过对自旋的精确测量以及电偶极矩实验来验证对称破缺理论，通过对基本物理常数的精确测量检测物理定律在时空的不均匀性。另一方面，利用超高频激光获得的极短而稳定的脉冲时间，获得具有高准确度的时间频率标准，建立精密测量和探索研究基本物理问题的坚实基础。

1) 基本物理规律的验证与突破

物理理论体系的建立，离不开对基本的物理参数和规律的精确测量和验证。里德伯常量是目前测量精度最高的物理常数，也与时间标准的定义密切相关。引力与自然界中的其他基本相互作用的统一理论假设了一些物理“常数”，如电磁作用的精细结构常数α，通过精密测量，可以了解这个“常数”在空间上和时间上变化的可能性，并且对量子电动力学及它与时空结构有关的定律进行修正。通过对自旋共振频率最微小的频移的测量，可以检测原子的永久性电偶极矩所产生的微弱效应，验证洛伦兹不变性包含的对称性，探索标准模型以外的新的作用力和粒子，揭示出标准模型的不足和超对称的破缺，甚至修正现有基本粒子理论。而通过对波长更短的、更敏感的德布罗意干涉仪的研究，可以帮助检测电学、磁学的基本理论，实现重力异常的远程空中表征，准确探测地下和隧道的结构，以及地下矿产和其他自然资源，还有望在惯性导航和重力异常测量领域带来革命性变革。通过激光引力波探测器，直接探测来自宇宙深部的引力波，可以表征引力波，揭示引力的本质。

2）极限激光与时间频标

极限脉宽激光技术，是研究少周期激光脉冲与物质相互作用产生阿秒脉冲乃至亚阿秒脉冲的物理基础，主要是要探索提高阿秒激光强度、扩展阿秒激光频率的可行途径，诊断电子动力学、电子跃迁等微观物理现象和规律；研究可长期锁定激光脉冲载波包络相位CEP的物理与技术，得到高效率的CEP锁定精度，实现对激光光场的任意整形，建立起具有激光任意波形产生能力的装置与设备。

精密原子频标问题的研究，主要是要提高频标精度和稳定度，探索量子纠缠及其他量子效应（如电磁真空涨落的卡西米尔效应等）对高精度原子频标的影响、微重力环境下激光与原子相互作用系统的动力学和统计力学效应及其噪声特征，将飞秒光梳用于原子、离子、分子的精密光频测量和长度的精密测量，以及地外星体探索。建立铷频标、铯频标、氢频标、冷原子喷泉频标、冷原子光频标、离子阱光频标和光梳等方面的合理布局。研发小型化、高精度原子钟，包括射频钟和光频钟。它们是卫星和地面站不可或缺的时间标准。发展地球重力探测与制图，致力于开拓、研发更好的地球重力场制图系统，争取达到优于NASA领导的重力复原与气候实验卫星(GRACE)系统。便携式高精度重力仪和重力梯度测量仪，对于各种车载、船载、潜艇载和机载的重力测量，以及大型油、气田和矿藏的勘探开发都是必不可少的。此外，重力仪和梯度测量仪在深水导航方面也有重要应用。

3.4.3　新的信息载体与量子信息

近期的高密度信息存储的新材料、新机制探索，和中长期的量子信息与计算的基本原理与物理实现，是这一领域的总体目标。针对现有信息记录单元不断小型化引起的量子尺寸效应的影响，以及新型信息记录介质的相继发现，需要从多种角度了解信息载体——纳米量子结构中的量子尺寸效应，以及相应结构中电子(自旋)输运行为的新奇现象与基本物理规律，从基础物理和功能材料的角度开展下一代固态信息研究。另外，针对量子力学引起的超越摩尔定律的量子信息与计算学科这一未来信息科学的要求，对量子信息的实现、存储、处理、传输、计算等各个层面，从基本原理到硬件分别展开研究，探索量子信息处理与计算的技术实现的可行性并加以落实，最终将量子信息与计算变为现实。

1) 信息材料与载体

在21世纪全球化的信息时代，计算机技术、互联网以及新型大众化电子产品的高速发展，对电子信息存储产品的需求呈现高速上升趋势。以纳米加工技术为平台的硅基半导体材料和器件，在20世纪取得了巨大成就，并开辟了信息时代。受量子尺寸效应和现有材料性能的局限，迫切需要发现新材料、新现象和新的信息载体，以满足人类对信息产业提出的高密度、高容量和高速度的要求。对信息材料和载体的研究，需要发现迁移率更高的新型半导体、绝缘体、金属氧化物、有机分子和纳米体系，来满足高密度、高速度信息处理的要求；作为信息载体，除了电荷，还可以通过自旋、轨道、涡线和其他拓扑性元激发来实现。

2) 量子信息与量子通信

量子信息可能的存储介质有很多种，需要选择满足DiVincenzo判据并可以物理实现的方案。目前已有的系统包括离子阱、中性原子分子与腔QED、超导结构、半导体量子点、线性光学、固态和分子团簇中的自旋、晶体中的杂质—空穴对等，必须深入研究这些问题，才能最终实现大规模可拓展的量子信息存储。量子通信则要发展高速、长距离、高保真的量子信息的传播系统。这方面，单光子源、快速电子学系统、高灵敏度探测器、量子中继、纠缠光子源、量子重复等技术的研发是关键，必须发展基于自由空间的非光纤系统，解决自由空间的光子的隐形传态、量子态纠缠、量子信息在基站、卫星间传播的加密、交换等问题；研究量子信息载体在量子信息的存储和处理过程中转换时产生的界面问题，包括信息（比特和比特阵列）的存储与中继；发展量子连续变量、量子信息编码等新的通信和处理协议。

3) 量子计算

量子计算研究，主要是要发展精确的量子逻辑门操作和纠错、容错实验和量子模拟技术，构造足够复杂的相干量子计算实验体系，并开展适用的量子计算模型和算法研究。把成熟的实验体系集成，构建量子计算机。这方面的研究，与量子科学中的一些基本理论问题的研究紧密联系在一起，包括量子态的纠缠、退相干、新量子算法与通信协议、新的量子计算机架构及算法研究、量子保密、量子信息噪声处理等。这方面发展的技术可能对其他领域（如精密量子测量）的发展起到推动作用。

3.4.4 关联电子体系量子现象的调控

凝聚态是宇宙中最大量、最重要的物质存在形态，展示出丰富多彩、千变万化的奇妙现象，也是对物质世界实现调控的最主要研究对象。由于电子的库仑相互作用，量子关联效应，电荷、自旋、轨道等多种自由度的相互制约等因素凝聚态物质展示的许多现象和规律，已不能用传统的、基于单粒子描述的理论来解释。为实现对这类关联电子体系的量子调控，要用最先进的实验技术，在严格可控条件下按设计制备具有特殊性能的凝聚态材料，用最精密的实验手段观测这些由大量粒子所构成体系的微观结构和动力学行为，以及它们在外场下产生的各种新现象、新规律，运用理论分析、数值模拟、量子仿真等手段揭示凝聚效应和相互作用如何导致各种变化多端的演生现象，探索通过调节相互作用和外界条件等因素实现对这些现象的调控，为材料、信息、能源、环境、国家安全等战略领域的跨越式发展找到新的突破口。

1) 高品质、高临界参数的材料探索与制备

关联电子材料中，电荷、自旋、轨道的相互作用，可以产生很多在普通金属、半导体或绝缘体中无法实现的一些效应，出现

各种高临界参数现象，例如高温超导、高临界磁场、高临界电流，和各种“巨”电、磁、热、光效应，如巨磁阻、巨电致电阻、巨热电效应、巨非线性光学响应等。发现这些高品质、高临界参数的材料，不仅有重要的应用背景，而且对微观量子理论的研究也有重要的推动作用。要重视对过渡金属氧化物、镧系和锕系化合物的探索，从中发现新的超导材料、多铁材料、巨热电材料、巨光学非线性材料体系；拓宽对有可能出现奇异物性的强关联体系新材料的探索范围，寻找可能展现出新奇量子现象的新材料体系，包括重费米子化合物和非中心对称超导材料等。发展制备高质量单晶样品的技术和装备。

2) 高温超导机制

高温超导是典型的关联量子现象，高温超导机理的研究被公认是物理学研究中尚未解决的一个关键问题，这方面的研究对全面认识量子关联现象，建立统一的多体量子理论体系具有重要的指导作用。主要问题包括铜氧化合物超导体和铁基超导体中的反铁磁性涨落及其对超导电子配对的影响，氧化物材料中赝能隙产生的微观机理，线性电阻及其他非费米液体及量子临界行为等。

3）竞争序与量子相变

关联量子系统中电荷、自旋、轨道等自由度的相互作用会导致许多能量相近但物理性质极其不同的物相出现，系统参数的微小变化都有可能诱发相变，出现通常材料中无法观察到的物理现象和物理效应。主要问题包括：关联电子材料中的自旋密度波、电荷密度波与磁性有序之间的共存和竞争，电荷的分数化，重费米子体系的量子临界现象，近藤效应，拓扑绝缘体和自旋霍尔效应，自旋费米液体，各种磁阻挫系统，包括自旋冰、自旋玻璃等结构中的自旋激发等。分数量子霍尔效应，特别是5/2 和12/5等分数量子霍尔态中的元激发性质的研究，对实现拓扑量子计算具有重要作用。

4) 关联量子现象的理论分析与数值模拟

关联量子理论的研究，是认识和指导发现新的量子现象，实现高效率量子调控的基础，也是物理学研究中的一个难题。这方面的研究，要紧密结合实验的最新进展，发展超越平均场近似的理论和计算方法，建立正确描写关联量子系统的理论模型，通过系统的计算模拟，研究电子态之间、电子与光子、自旋与轨道、原子分子及其各种表面界面态之间的相互作用效应，掌握其运动规律，为新现象的探索和新型功能材料的开发应用提供理论依据。加强对关联量子系统计算方法的探索和软件的开发，嫁接单体和多体方法，在密度泛函理论的基础上发展物性计算的新方法，发展密度矩阵重正化群、动力学平均场理论、量子蒙特卡罗模拟等多体计算方法，建立有自主知识产权的软件平台。

5) 超冷原子凝聚态与量子仿真

通过研究超冷原子物理实现量子仿真并建立物质的完全可控模型，通过调整原子间的相互作用，揭示超导、超流、超固体和BEC的机制，认识固体材料中出现电荷–自旋分离及关联特性，拓扑对称及拓扑有序，量子涡旋、临界现象与量子相变，金属–绝缘体相变，反铁磁涨落与自旋液体态，赝能隙等现象。此外，在低温下可以产生冷分子，并通过电场改变分子的空间排列，利用分子电荷极性通过精细控制来深入研究化学反应的过程，获得分子相互作用的基本规律。

第 4 章

生命起源、进化和人造生命

4.1 引言

4.1.1 生命起源和进化是人类面临的基本科学难题之一

当人类认识到自身生活的世界上有“活”的生命和“死”的自然之区分之后，必然就会提出这样的问题：生命究竟是怎样产生的？从何而来？何时而起？生物为何如此多样？生物多样性是如何形成的？是从来如此，还是逐步演变而成？这些问题困扰了人类几千年。因此，生命起源与物质起源、宇宙起源和意识起源一起被称为当今四大基本科学难题，成为充满挑战的综合性前沿研究领域之一。

从中国的道教到西方的神创论，宗教编织了它们简单而形象的生命和人类起源的“故事”。而在宗教之外，科学也以“经验”和“实验”为基础，探索着生命的本质，发展了特创论、无生源论、生源论、泛胚种论、化学进化论等许多试图解释生命起源的理论。因此，对“生命何处来”这个问题的回答，既反映了不同的世界观，也反映了人类对生命本质探索和认识的历史过程。

关于生命起源的几种假说

无生源论又称自生论或自然发生说，认为生物可以随时由非生物直接产生。上古时期人们对自然的认识能力较低，但已能进行抽象的思维活动，根据现象作出了生命是自然而然地发生的结论。我国古代有“天地合气万物有生”、“腐草为萤”和“蝉固朽木所化也”等说法,《荀子·劝学》中就有“肉腐生蛆,鱼枯生蠹”的思想。欧洲古代有这样的论述:“地球为孕育生物之慈母”;古希腊亚里士多德认为,生物除了由自己的亲代产生外,还可由非生物自然发生。

生源论的创始人意大利医生雷迪(F. Redi)第一次用实验来检验了自然发生说。1668年,雷迪对“自然发生说”产生了怀疑,决心亲自做一个实验,看看腐肉到底是怎样生出蛆虫的。但他的实验却发现:腐肉不可能自然地长出蛆虫来,蛆虫是由于苍蝇在腐肉上产卵后孵化而生的。雷迪的实验动摇了自然发生说,证明较大的动物是不能自然形成的。1862年,法国微生物学家巴斯德(L. Pasteur)的鹅颈瓶实验(Box 1)证明,空气不存在“生命力”,即使最简单的生命也不可能由非生物物质自然产生出来,从而彻底否定了无生源论。巴斯德提出的一切生物来自生物的结论,被称为“生源论”。从此,无生源论退出了历史舞台,生源论占据主导地位。然而,生源论并没有解答出最早的生命是如何起源的问题。

泛胚种论是随着天文学的发展而提出的地球生命来源于别的星球或宇宙“胚种”的假说,即所谓Panspermia假说。瑞典化学家、诺贝尔化学奖获得者阿伦尼乌斯(Svante August Arrhenius)在1908年出版的《塑造中的世界》中指出,宇宙中存在着微生物,这些微生物作为物种的孢子,在太阳光动力推动下,被送到遥远的宇宙他处,如果遇到像地球这样的行星,生命就传播到那里。这种认识风行于19世纪,德国的赫尔曼·冯·亥姆霍兹(Hermann von Helmholtz)、英国的开尔文(Lord Kelvin)也认为“生命的种子”在宇宙中漂泊,只要条件允许,它们便会在任何行星生根发芽。

“泛胚种论”至今缺乏令人信服的证据。有科学家指出,氨基酸等物质不可能通过流星或陨石,在与大气摩擦产生剧热的环境下保存至地球 (Anders,1996),微生物也无法在穿越大气层的恶劣环境中幸存下来。此外,太空环境对向地球迁移的生命充满“敌意”，如果暴露在真空、高温和辐射环境，等待这些生命的将是死亡。退一步说，此假说即使能成立，也没有解决最早的“胚种”（生命）是怎样起源的问题。所以，大部分科学家还是认为最基本的生命物质产生于地球。

Box1：巴斯德的鹅颈烧瓶实验

巴斯德设计了一个鹅颈烧瓶（曲颈瓶），烧瓶有一个弯曲成天鹅颈一样的长管与外界空气相通，但空气中的微生物仅仅落在弯曲的瓶颈上，不能进入瓶中。他把肉汤灌进两个烧瓶里，第一个是普通的烧瓶，第二个就是鹅颈烧瓶。然后把肉汤煮沸、冷却。两个瓶子都没有用塞子塞住瓶口，外界的空气可以畅通无阻地与肉汤表面接触。过了3天，第一个烧瓶里出现了微生物，第二个烧瓶里却没有。第二个瓶子继续放下去，直至4年后，曲颈瓶里的肉汤仍然清澈透明，没有变质和产生生命。

鹅颈烧瓶实验得出了令人信服的结论：腐败物质中的微生物是来自空气物。另外，实验也促使巴斯德创造了一种有效的消毒灭菌方法——巴氏灭菌法。

化学进化论主张从物质的运动变化规律来研究生命的起源，认为在原始地球的条件下，无机物可以转变为有机物，有机物可以发展为生物大分子和多分子体系，直到最后出现原始的生命体。前苏联生物化学家奥巴林（A.I.Oparin）、英国学者霍尔丹（J.B.S.Haldane）先后提出了生命起源的“原始汤”假说（后人称之为“奥巴林–霍尔丹假说”）。霍尔丹提出：“当紫外线作用于水、二氧化碳和氨的混合物时，形成包括糖类在内的多种有机物。其中，有些物质可以构成蛋白质，在原始海洋达到一个热的稀汤之前，它们早已聚集。”奥巴林于1936年出版的《地球上生命的起源》一书，是世界上第一部全面论述生命起源问题的专著。他在书中指出，在短波紫外线等作用下，原始地球上无游离氧的还原性大气能生成简单有机物（生物小分子），简单有机物可生成复杂有机物（生物大分子），并且在原始海洋中形成多分子体系的聚合体，后者经过长期的演变和自然选择（即适于当时外界条件的团聚体小滴能保存下来，不适的就破灭了），终于形成了原始生命即原生体。地球上的生命起源于地球早期物质长期的化学演变的这种观点被称为“化学起源说”，这一过程称为化学进化，以别于生物体出现以后的生物进化。

1953年，美国科学家米勒（Stanley Miller）设计的放电实验（Box 2），向人们证实：在原始地球的条件下，生命起源的第一步，即从无机物形成有机小分子物质，是完全可能实现的（Miller，1953）。

目前，支持化学进化论的实验证据越来越多，已为大多数科学家所接受。可以说，化学进化论是现代自然科学综合研究的必然结果，它为我们了解生命起源打开了新窗口和新思维，促进了现代生命科学的研究。然而，生命的起源至今仍是个未解之谜，许多问题有待解决。目前，由天文学家、生物学家、物理学家、数学家和地质学家等组成的大军正从不同学科对这一问题进行探索。

Box 2：米勒的放电实验

米勒设计了一套密闭装置，将装置内的空气抽出，模拟原始地球上的大气和海洋，通入经灭菌处理的甲烷、氨、氢气和水，并模拟原始地球条件下的闪电，连续进行火花放电。一周后，原来无色的液体变成了粉红色，液体中的甲烷都变成了更复杂的分子，包括20种小分子有机化合物，其中有11种氨基酸。这11种氨基酸中，有4种氨基酸，包括甘氨酸、丙氨酸、天门冬氨酸和谷氨酸，是天然蛋白质中所含有的最简单的几种氨基酸。

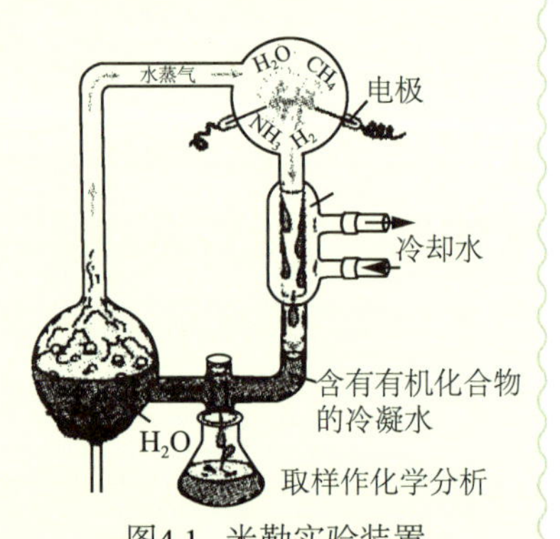

图4.1 米勒实验装置

4.1.2 生命起源和进化是自然科学和哲学共同关心的问题，也是科学与宗教之间争夺的最后一块阵地

生命的本质和生命的起源是与哲学关系最为密切的基础科学问题之一，是唯物主义与唯心主义以及宗教斗争的一块重要的阵地。古希腊哲学家大多数是唯物论者，他们视生命为自然现象。而在中世纪的西方，哲学偏离了古希腊的哲学唯物主义传统；在对生命的认识上，唯心主义占据了统治地位。19世纪以前西方流行的“特创论”就认为生命是由超物质力量的神所创造，或者是由超物质的先验所决定的；世界上的万物一经造成，就不再发生任何变化，即使有变化，也只能在该物种的范围内变化，但是绝不能形成新的物种。各种生物之间都是孤立的，相互之间没有任何亲缘关系。

在文艺复兴思想启蒙之后，随着现代工业的发展，人类对自然的视角远远扩展了，现代科学的理性思维逐步建立起来，自然科学各个学科逐渐建立，哲学家与自然科学家逐步摆脱传统的束缚，自由地去思考和探索生命起源和进化，出现了一批近代自然哲学、科学研究方法论和进化理论的开拓者，如培根、笛卡儿、康德等。这些哲学家们发挥了思想的启蒙作用，为后来的进化理论的探讨开辟了道路。

1859年，英国博物学家达尔文(Charles Darwin)出版了震动当时学术界的《物种起源》。书中用大量资料证明了形形色色的生物(多样性)不是上帝创造的，而是在遗传、变异、生存斗争和自然选择过程中，由简单到复杂，由低等到高等，不断变化，逐步发展形成的。达尔文提出了生物进化论，摧毁了各种唯心的神造论和物种不变论。虽然由于历史条件的局限，达尔文本人对进化的原因和机制的解释未形成真正科学的认识，但达尔文进化论带给了我们革命性的新思想、新观念。其哲学内涵，一方面颠覆了西方传统的核心价值观，另一方面，在很大程度上推进了现代思维方式的发展。这充分表明，真正的科学理论，不仅有

助于人类对自然界的认识，拥有巨大的自然科学价值，而且可以增进人类对自然界、人类及人类社会的本质和规律的理解，拥有巨大的哲学和社会科学价值。

在发表《物种起源》的两年前，达尔文在日记里就第一次用一棵假想的树勾画了物种的进化方式(图4.2)。在这棵“生命之树”上，树干的底部代表最原始的物种，而沿着树干向上则形成了许许多多的分支，代表了由最初物种演化而成的不同阶段的新物种。这一“生命之树”的概念很快就成为了达尔文进化论的标志。显然，20世纪的现代生命科学的各门学科，如分子生物学和遗传学等都是建立在这棵“生命之树”的“公理”基础之上。然而，今天的比较基因组学对细菌、动物、植物基因组的比较却描绘了一幅相当不同的图景，显示出“异种”间的交配比人们原来想象的要多。如果再将基因平行转移等情况结合在一起，就会发现，自然界的各种物种之间并非构成一个具有清晰的遗传递呈关系的“生命之树”，而是一个杂乱无章、相互高度缠结的“生命之网”(吴家睿，2009)。

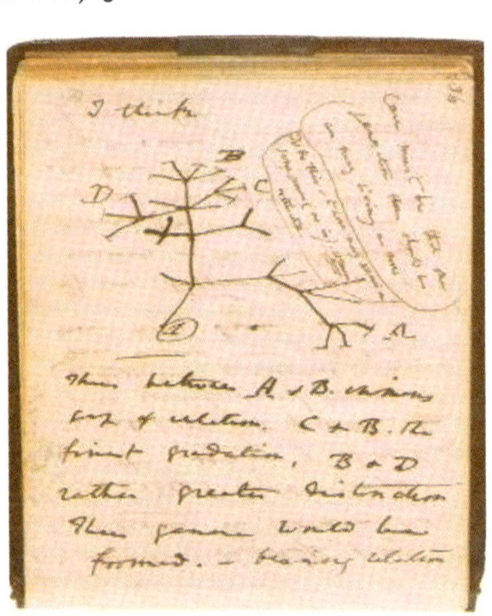

图4.2　达尔文著名的分支树草图
(图片来源：Darwin’s Notebook B)

可见，生命现象极其复杂多样，研究这些复杂生命现象的生命科学各学科之间，以及生物学与数、理、化等诸学科之间的相互渗透、融合也将越来越深入。这种渗透又产生了一系列的新的学科或边缘学科，例如物理学渗透到生物学中，产生了生物物理学、生物力学；量子力学渗透到生物学中，产生了量子生物学。20世纪初，奥地利理论物理学家薛定谔，试图用热力学、量子力学和化学理论来解释生命的本质，引进了非周期性晶体、负熵、遗传密码、量子跃迁式的突变等概念。他发表的《生命是什么？——活细胞的物理面貌》一书，引导许多青年物理学家开始关注生命科学中提出的问题，用物理学、化学方法去研究生命活动的本质，催生了现代分子遗传学和分子生物学。

50年前，在DNA结构和中心法则建立的基础上发展起来的现代分子遗传学和分子生物学，通过基因组学、系统生物学的研究，正在进入系统解析生命规律的新阶段；目前，又发展到以综合和合成为手段，研究生命起源与进化的新高度。以人工生命合成为目标的合成生物学，是生机蓬勃的交叉学科，需要研究者有新的思维方式，即从线性的简单思维转变到非线性的复杂思维；需要有新的研究思路，从单一的局部分析方法转向整体综合的系统合成策略。同时，也需要生物技术、信息技术、纳米技术等技术的进步和汇聚。可以预见，学科交叉和“组学”的整合，带来的系统生物学和合成生物学是生命科学的革命，将对生命起源和进化研究起到巨大的推动作用，是当今科学研究的制高点之一，也直击唯物主义与唯心主义和宗教斗争的最后一块重要阵地，一定会为人类对自然和自身的认识，带来革命性的变化。

4.1.3 在新的时代背景（科学、技术、经济和社会背景）下回答这一古老的问题，具有重要的意义

人类燃烧化石燃料排放大量二氧化碳等温室气体而造成的全球气候变化，已经把地球环境推到了危急时刻。近年来，全球气候变化背景下的各种极端气候如暴雪、飓风、雷击、洪水、干旱等现象在世界各地频频上演，全球气候变化还引起冰川消融、海平面上升、粮食减产、物种灭绝、气候疾病等严峻问题。同时，人类还面临人口老龄化、重大慢性疾病和传染疾病的威胁。这一切都为科学技术的发展提出了新的挑战。

在生命科学研究、生物技术创新重大突破的推动和市场需求的拉动下，世界范围内一场具有划时代意义的生物科技革命

和产业革命正在孕育和逐步形成。生物产业成为继信息技术产业之后又一个新的支柱产业。近年来，全球生物产业销售额几乎每5年翻一番，增长速度是世界经济平均增长率的近10倍。事实表明，生物技术引领的新科技革命正在加速形成，发展生物经济已成为应对金融危机的重要措施之一。

因此，生命科学和生物技术的重大突破，将成为解决世界人口与健康、粮食、能源、环境等影响人类生存与发展重大问题的强有力的手段，推动实现控制人口数量、提升全民健康，改善生存环境，保障国家粮食、能源需求的目标。为此，生命科学必须在向揭示生命本质规律和控制生命过程的方向快速发展。

同时，由于生命起源的研究具有高度交叉性，对它的深入研究将广泛带动化学、生物、地质、考古、航天、数学及物理等一系列学科的发展；对其关键问题研究的突破不仅可极大提高人类对自然规律的认识水平，也必将产生一系列新方法、新技术，从而对社会、经济和科学发展发挥重要的推进作用。例如，Miller的放电氨基酸合成实验开创了现代生命起源的新纪元，该实验使人类第一次认识到氨基酸等生命物质是怎样由最简单的原始小分子生成的。沿着这一条道路，人们逐渐理解了碱基、糖、核苷及核苷酸等其他重要生命物质的起源问题。在该研究的发展历程中，还促进了放电化学、光化学和其他射线化学的发展，并进而推动了微波化学和声化学的发展。又譬如，在多肽与核酸的形成机理和其相互关系的研究上，科学家对“先有蛋白质还是先有核酸”进行的深入研究，除认识多肽形成与核酸形成的机制，多肽与核酸形成的能量物质(或推动力)来源等科学规律外，我国清华大学赵玉芬院士研究组，提出了磷酰氨基酸为基础的多肽与核酸共同进化的模型，在进行磷酰化氨基酸的成肽机理的研究中，发展了独有的多肽合成方法，并已应用于二肽药物的工业生产之中。美国南加州大学的研究人员发现微体化石，引发了一整套考古学与地质学研究的新方法，对地球演化、矿物形成理论都做出了贡献，其中的拉曼成像技术，还可以进一步应用于医学诊断之中(赵玉芬,2006)。

4.1.4 人工合成和改造生命——探索生命本质的新途径

基因组学、合成生物学等现代生物学理论和技术,结合天文学、地质学、古生物学以及遗传学等最新进展,为研究生命起源和进化提供了新的思路、手段和技术方法,对生命的起源进行更深一步的研究成为可能。这包括在实验室内模拟原始地球条件,探讨由无机物转化为生命物质的可能过程;在远古地层中寻找最初生命的微体化石,测定它们的地质年龄,以研究生命起源的时间和演变过程;利用射电望远镜研究星际分子,运用航天技术探索其他星球是否存在生命及其演变,借以研究地球上生命起源的可能途径。应用现代生物学知识和生物化学方法,人工设计、合成蛋白质和核酸等重要分子,并实现其生物学功能(如我国科学家完成的人工合成牛胰岛素和人工合成酵母丙氨酸tRNA等成果),是研究生物大分子"由死变活",生物分子体系起源并实现由简单到复杂的演化机理的重要方法。理论与技术的成熟使得人类可以更深程度地改造生命和创造生命,对现存生物的亚细胞和细胞结构,先分解分析,认识最简基因组,再人工设计并合成核酸模板,经过综合组装,产生新的符合设计目标的可复制细胞,实现用化学方法从头合成生命,是探寻生命起源规律的又一有效途径。由此,不断发展的"合成生物学"为研究生命起源和生物进化开辟了整合的、精准实验的崭新途径,继古生物与分子进化研究以及外空生命迹象与孑遗环境生物发现之后,为探讨生命起源这个基本科学难题带来了新希望。

4.2 生命起源和进化

20世纪80年代以来,关于生命起源的研究获得了许多重要的进展,人类在探索地球外宇宙空间生命存在的可能性、地球以外的化学进化、自然界中的非生物有机化合物合成以及地球早期的环境和早期生命的地质记录等，都取得了令人兴奋的成果。这些成果大大扩展了我们的眼界，加深了我们对生命本质和生命由来的认识。近年来，有关生命起源和进化（演化）的新发现、新资料、新学说层出不穷。在生命起源和生命现象的认识上，在三个方面突破了传统观念的束缚，即在生命起源所涉及的时间和空间尺度上，在生命与非生命的区分特征上，在生命起源和生命存在的环境条件的限制上都获得了新的认识。

4.2.1 生命来自哪里？

生命来自哪里？来自于海底、地球内部，还是太空？人类为此开展了多种研究，如太空生物学、极端环境生物研究等。海底热液口是一种极端环境，与地球形成之初的环境特点极其相似（Box 3）。因此，不少科学家认为这里是探索和研究生命起源最理想的环境。

人们曾认为，大部分动植物在环境温度超过40℃时就难以生存，环境温度大于65℃时大部分细菌也无法存活。但事实表明，从极地冰盖到火山热泉，从海洋表层到海底洋壳以下上千米的地层都有生物生存的痕迹，人们不断在强酸、高温、高压、无光等条件下找到存活的细菌，低等微生物生存环境的范围大大超过了我们的想象。对大洋洋嵴上的水热喷口的微生物生态系统研究证明细菌可以生存在3×10^4kPa、250℃高温热水中。美国伊利诺伊大学的研究人员对出现在热液口与管栖蠕虫共生的细菌进行了基因组序列分析研究，认为海底热液口的细菌没有细胞核和细胞器，是最简单的古菌，是生物第三大分支中的一员，属于原始原核生物，是与细菌和真核生物并列的第三界。1996年，美国基因组学研究所的科学家对生活于太平洋海底热液口的一种产甲烷的细菌进行了基因组测序，支持了古菌属于第三界的观点，并认为它们是一种与人们以往所了解的生物非常不同的生命形式，其三分之二的基因是过去所不了解的（范振刚，2007）。

Box3：海底热液口生物

1977年，美国阿尔文号海洋考察潜艇在东太平洋2600m深的海沟进行考察时意外地发现了海底热液口。富含硫化物、温度高达300～400℃的热液时而从海底喷出，冷却后即形成了黑烟囱耸立于海底。在热液口周围浓度很高的硫化物形成了人们认为生物无法生存的剧毒环境，然而，这里却是生机盎然的生物乐园。科学家发现，热液口生物是陌生和奇异的，其中绝大部分是以前从未见到的，但它们是地球生物多样性的重要组成部分，被称为“黑暗生物圈”。

2005年，美国科罗拉多大学研究人员在黄石公园的一处极酸性热泉附近发现了新型的微生物群落。当对它们进行基因分析时，发现其中最多的生物是一种此前从来没有在类似的地热环境中发现过的杆菌。此外，也有在极端干旱的寒冷沙漠中有微生物存在的报道。科学家从500—2800m深的陆地钻孔的岩芯中分离出多种微生物，证明在岩石圈深处的严酷环境条件下生存着多种多样的原始生命，它们多是化能自养的细菌，利用硫化物和氢获得能量。因此，对极端条件的研究大大开拓了生命起源研究的视野。

20世纪下半叶人类进入航天时代，人们的视野超越了地球的范围，对地外天体上生命的探索成了航天深空探测的主题。随着美国航空航天局(NASA)火星探测器登陆火星，火星上曾经有水的观点得到了证实。1970年，Kvenvolden等在一颗流星的内层检测到氨基酸的存在。进一步的分析表明，这些氨基酸左旋和右旋的构象比例相等。由于地球生物的氨基酸几乎都是左旋构象，所以排除了这些氨基酸来源于地球的可能性(Kvenvolden et al., 1970)。1996年，McKay等研究了一块火星陨石(ALH84001)，发现其中包含了铁、硫化合物以及多聚芳香烃类有机物等疑似生物代谢产物的物质。更有意思的是，他们在陨石中发现了形似细菌的化石痕迹(图4.3)，提示火星有可能有生命(McKay et al., 1996)。美国、欧洲航空航天局等对土星的一颗卫星——土卫六(Titan)专门发射探测器，并发现了甲烷、HCN等150余种分子，极大地推进了对有机分子起源的研究。

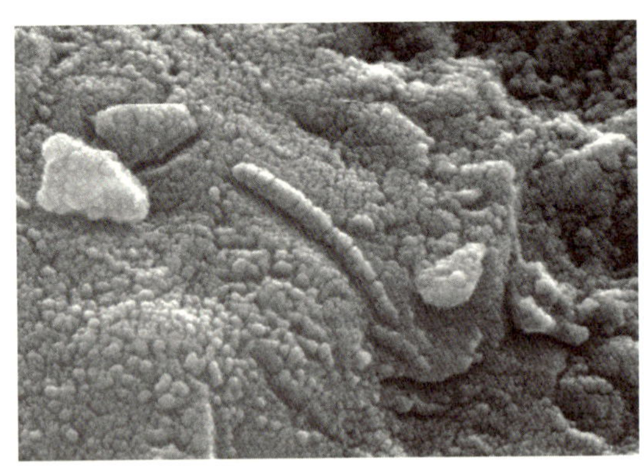

图4.3 火星陨石中疑似细菌的化石痕迹(McKay et al., 1996)

4.2.2 最早的生命源于何时?

自从奥巴林、霍尔丹以来，对生命起源的化学进化论的猜想虽然还有争议，但却都得到了实验室中小规模的实验和缜密推理的支持。研究生命起源的另一条途径是向地壳的深处寻觅，寻找生命存在的直接和间接证据，即化学进化和最早的原始生命的遗迹。学者们在太古宙的古老岩石中和某些陨石中寻找"化学化石"和原始生命遗体化石，在太古岩石中找到的最早生命记录主要有以下几类：有机微结构、具有有机质外壁的微体化石、叠层石、沉积碳、石墨等(张昀，1998)。

20世纪40年代，尽管有科学家在津巴布韦发现在年龄为27亿年的石灰岩中，存在有可能是藻类活动留下的碳质结构遗迹。但大多数人对这一结果将信将疑，他们不相信可以把生命的出现追溯到如此古远的年代。60年代，哈佛大学的巴洪等(Barghoorn, Elso Sterrenberg)在南非特兰士瓦的浅燧石中，找到了棒状细菌结构物，确定年代为31亿年。70年代以后，科学家又在年龄为34亿年的斯威士兰的古老堆积物中，发现了200多个在显微镜下可以清楚地分辨出与原核藻类非常相近的古细胞化石(张庆麟，2005)。

近年来，大量的古地质研究和生物考古发现，生命现象的产生几乎同步于地球地质构造形成的年代，生物活动对于地球表面的地质、地貌和大气环境一直产生着重要影响。现在的一种观点认为，46亿年前，地球在形成之初，表面是炽热的，不断遭受微行星的撞击，生命不可能发生。到38亿年前，地球表面逐渐冷却，最终变成了固体。与此同时，经过暴雨和大气蒸发形成的海洋的温度也下降到了一定程度，这都为生命的诞生创造了基本条件。

在格陵兰岛(Greenland)的伊苏瓦 (Isua)发现的沉积岩，经碳稳定同位素分析该岩石已有38亿年之久。该岩石由带细条纹白色石英和灰绿色斜辉石组成，岩石中的还原性碳可能来自浮游生物。Mojzsis等发现，西格陵兰岛及附近的Akilia岛上有一种由磷灰石颗粒组成的磷酸钙矿物中嵌有石墨的“包体”，也把生命存在的时间推早到38.5亿年前(Mojzsis et al., 1996, 2002)。

人们普遍认为，早期生命出现的地球化学环境是无氧的，直到产氧光合作用的细菌(蓝细菌)出现之后，大气才逐步积累氧气，成为今天的模样。但是，有些考古的发现却令人难以置信。在南非巴柏顿形成于35亿年前的枕状溶岩中，科学家发现了由原始原核生物造成的生活管道痕迹；在澳大利亚西北部已有35亿年之久的瓦拉伍纳群(Warawoona group)地层中呈“海藻构造”形状的化石中，也发现存在着一些非常细小的纹路管道。学者们认为它们是真正的微体化石，某些丝状微体化石类似现代的丝状蓝菌(Schopf, 1993)，但究竟是蓝菌还是细菌，目前尚难确定。同时，科学家在这两处还发现有叠层石。通常认为，早期叠层石是蓝菌建造的，叠层石是蓝菌存在的指示。如果35亿年前就已经出现蓝菌，则说明释氧的光合作用早就开始了，这便引出一个问题：为什么直到20亿年前大气圈才积累自由氧呢？从35亿年前到20亿年前中间相隔15亿年之久，为什么氧的积累如此缓慢？对此也有不同的解释。例如，近年来已经发现叠层石既可能完全由光合细菌建造，或甚至由非光合细菌建造。澳大利亚研究人员新的研究工作表明，有机生物标记可能不是在太古代，而是在距今大约22亿年前之后进入岩石的。因此，他们认为真核生物和能产氧的蓝藻的最早的、明确的化石证据分别应该被纠正为在距今17.8亿—16.8亿年前和21.5亿年前(Rasmussen et al., 2008)。

4.2.3 生命如何形成？

为了研究生命如何形成，科学家设计了很多创造性的实验。Miller的放电实验发现了无机分子到有机分子的形成。随后，陆续有其他的化学家模拟原始大气环境从简单的无机分子，合成产生其他种类的氨基酸、核酸以及多糖等生命构成的最基本的物质。他们的实验暗示，地球大气本身可能就含有足够产生原始生命物质的H_2、N_2、CH_4、CO等组分。在高温、强紫外线或放电条件下，这些组分可以进一步合成包括生物大分子前体物(如氨基酸、核酸等)在内的含碳化合物，然后聚合形成复杂的生物大分子，并在原始海水中形成大分子复合物，称为团聚体或蛋白质小体，随着核酸自我复制能力的形成，生命终于出现了“代代相传”的关键特征。

脱氧核糖核酸(DNA)或者核糖核酸(RNA)和蛋白质是构成生命的基本物质。其中，几乎所有的生物都以DNA为载体储存所有的遗传信息，仅有少数物种以RNA甚至蛋白质为基本遗传物质。但是，DNA本身只能存储遗传信息而不能执行复杂的生物学功能，而蛋白质则恰恰相反。20世纪80年代，由Sidney Altman和Thomas Cech领导的两个科学家小组分别独立发现，RNA也可以行使催化功能，他们把这种RNA命名为“核酶”(ribozyme)，并因此分享了1989年的诺贝尔奖(Kruger, Grabowski et al., 1982; Zaug, Cech, 1986)。这一发现的意义在于，它颠覆了生物功能由蛋白质来执行，而RNA完全只是DNA到蛋白质的中间信使及合成机器的传统观念，揭示了RNA兼具DNA的遗传信息载体和蛋白质生物催化功能执行者的特性，因此，生物学家由此推测RNA在生命起源的过程中早于DNA和蛋白质首先出现，并进而提出了“RNA世界”(RNA world)的假说 (Gilbert,1986)。所以,第一个能"自我复制"的遗传分子很可能是能自我拷贝的RNA。之后的研究为这一假说提供了更多的证据。

单纯遗传物质的产生还不足以形成复杂的生命,生物体需要细胞结构保护它们的遗传物质免受环境的侵害,保证其可以有效地进行"新陈代谢",获取能量和原料,复制和表达遗传信息。地球上最早的细胞生命的诞生,即具有与外界分隔的生物膜,同时又有内部功能分割的生物大分子,有形态特征的个体生命的最初出现,标志着前生命的化学进化的完成和生物进化的开始。Sidney Fox等发现在水或者盐溶液中,氨基酸混合物可以自组织成团(Fox, 1988,1991)。而细胞内部的进一步"区室化"(compartmentation) 可能与生命形成之初在海底火山口附近矿物的区室化结晶有关(Martin,2003)。科学家猜测,最早的细胞结构可能是可自我复制的遗传物质被其他亲水或疏水分子在一定条件下自组织包裹形成的简单结构。

在原始的细胞结构形成以后,又进一步演化形成执行不同功能的细胞器。从原核生物向真核生物的进化是最重要的细胞演化事件,关于其演化过渡途径,虽然至今仍有争论,但愈来愈多的分子系统学的证据倾向于支持共细胞器的"内共生(endosymbiosis)起源学说"。例如,用于呼吸作用的线粒体和用于光合作用的叶绿体分别是由原始的真核细胞通过内吞可进行呼吸作用的革兰氏阴性菌(proteobacteria)和可进行光合作用的蓝菌(cyanobacteria)而形成的(Margulis,1970)。这是因为研究发现,这两种细胞器有着不同于其所在细胞的遗传物质和复制方式。另外,这两种细胞器的核糖体RNA基因序列与细菌的序列更加接近。

从单细胞生物演化到更复杂的多细胞生物又经历了27亿—28亿年的时间,即有可能直到5.4亿—6.7亿年前才形成了最早的多细胞生物。目前,对于单细胞生物如何演化形成多细胞生物尚无明确的结论。一个值得注意的现象是,许多单细胞的藻类在水中可自发聚合形成团块。所以,有假说提出多细胞生物可能最初是由单细胞生物相互粘连并进一步分化形成的。也有假说认为多细胞生物的形成有可能是单细胞在细胞分裂时没有分离形成的(Barton,2007)。在单细胞生活的酵母中,有一种棉阿舒囊霉(Ashbya gossypii)以多细胞的菌丝体方式生活,对其研究有可能给我们提供从单细胞到多细胞这一漫长进化过程的理解。总之,在多细胞生物形成以后,单个细胞之间相互联合,增强了应对环境的能力,降低了被捕食的风险,并进一步使某些单细胞可以特化行使更复杂的功能。这些研究工作不仅为解开生命的奥秘开辟了空间,积累了创造性思维和成果,也为后来的研究提供了启迪和思路(图4.4)。

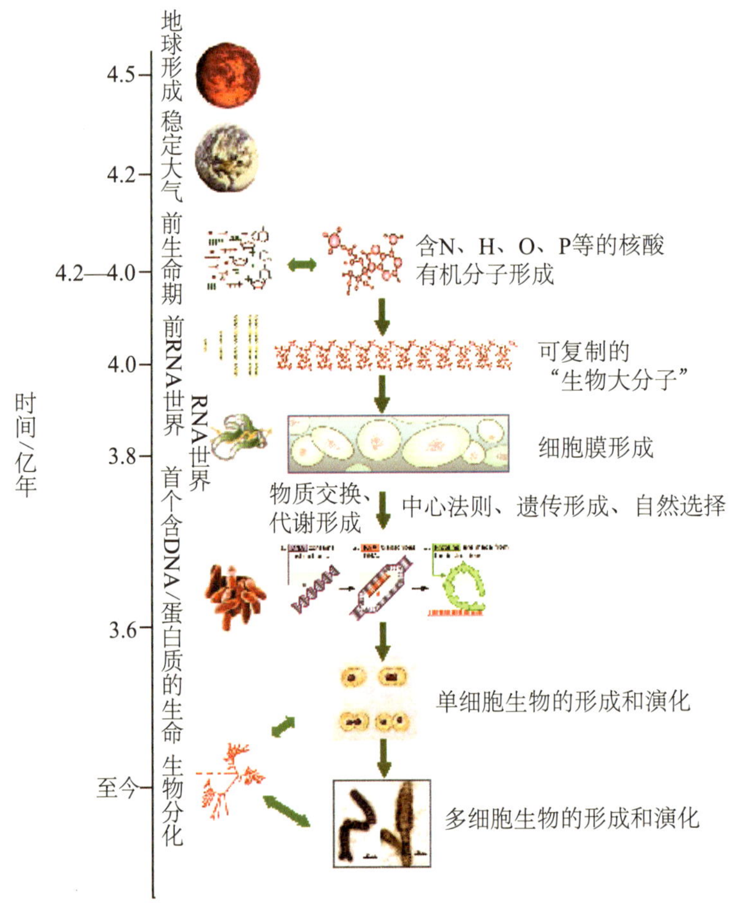

图4.4　生命的形成

(图片来源:Just How Did Life Seed Here On Earth? http://polynomial.me.uk/2009/07/)

4.2.4 生命怎样进化（演化）？

生物在不断变化的环境中生存繁衍，在不断适应环境的过程中进化(演化)。自然环境的改变强烈地影响了生物的进化，生物又在进化过程中影响着地球表面环境的变化。

在18世纪，生物进化论的先驱者，法国博物学家拉马克(Jean-Baptiste de Lamarck)首创了生物进化学说。他的核心学说是器官的用进废退和获得性状遗传理论，认为“获得性遗传”是生物多样性的来源。19世纪，达尔文通过多年研究，提出了以自然选择学说为核心的生物进化论，解释了物种的多样性，深化了生物进化论。他认为自然选择是生物进化的根本动力(机制)。在达尔文看来，物种的形成需要建立没有遗传物质交换的生殖隔离。由于遗传物质的垂直传递机制存在，从而实现了生殖隔离，造成了“物种起源”。因此，自然界中远缘杂交应该是非常稀少的。

经过百余年的努力，科学界建立起了应用数理统计研究表型和基因型关系的遗传学、在细胞染色体水平研究基因的细胞遗传学和在DNA水平研究基因的分子遗传学，从群体到分子水平上揭示了遗传多样性的秘密，证明了基因突变是遗传多样性和生物多样性的根本来源。在遗传物质的发现及对其传递规律认识的过程中，奥地利科学家孟德尔(G.Mendel)通过对豌豆的研究提出了两个基本的遗传定律；美国生物学家摩尔根(T.H.Morgan)在研究果蝇的基础上提出了第三遗传定律；而美国化学家艾弗里(O.Avery)则通过研究肺炎球菌证明遗传物质的化学本质是DNA；詹姆斯·沃森(J.D.Watson)与弗朗西斯·克里克(F. Crick)用来自小牛胸腺的DNA样品，通过X射线衍射，揭示了DNA双螺旋结构。

20世纪中叶以来，随着分子生物学的不断发展，进化生物学的研究也进入到分子水平。60年代随着不同生物来源的大量蛋白质序列的确定，Zucherkandl等发现，某一蛋白氨基酸残基在不同物种间的取代数与所研究物种间的分歧时间接近正线性关系，进而将分子水平的这种恒速变异称为“分子钟”。1968年，木村资生(Motoo Kimura)提出中性突变随机漂变理论，其中心论点是：突变大多是“中性”的，即对生物体的生存既无害也无利；中性突变通过随机的“遗传漂变”在群体中固定下来，在分子水平上，每一类生物均有几乎是恒定的中性突变(即同义突变)速率；决定生物大分子进化的主要因素是突变压和机会。但是，近年来，越来越多的证据表明，即便在分子水平，自然选择也占有重要地位。

达尔文认为，生物是通过缓慢进化，逐渐变得多样化的，但是在距今约5.4亿年前的“古生代寒武纪”，现有的各个动物门类都在这一时期产生。这一物种爆发式产生的事件，被称为“寒武纪大爆发”(cambrian explosion，5.4亿—5.1亿年前)。“寒武纪大爆发”是地球生命演化史上的一次重大突破，正是这次爆炸式的生命演化事件，使生命、环境的演化进入到一个崭新的时代。在寒武纪大爆发之后，从软体动物突然演化出具有硬组织、以捕食为生、有眼的动物，并且动物的身体可能出现结构色。寒武纪开始后的数亿年的漫长岁月里，生物机体的形体造型发生了多种多样的创造性变化，且在多种生态环境中形成了许多新的栖息地和适应带。

在一个半世纪以前的达尔文时代，寒武纪之前的地层被认为是化石的零记录，因此，三叶虫等复杂多细胞动物犹如宇宙大爆炸起源的起点，似乎是从寒武纪这一起点突然发生的。20世纪50年代以来，前寒武纪古老地层中化石的陆续发现后，人们才开始普遍相信生命具有比寒武纪更古老得多的历史。澳大利亚南部费林德斯山脉的前寒武纪晚期“埃迪卡拉动物群”(Ediacara fauna，5.6亿—5.4亿年前)的发现，证明了寒武纪的动物有前寒武纪的历史。我国科学家陈均远等对距今约5.8亿年发现于我国贵州的瓮安动物群进行的研究发现，不仅为前寒武纪两侧对称动物演化史提供了新的可靠证据，也暗示了两侧对称动物已经进一步分化为辐射卵裂和螺旋卵裂两大类群(Chen et al.,

2006)。科学家发现5.8亿年前的多细胞动物,仍以最原始的海绵动物和两胚层动物为主,两侧对称动物最基本的分支体系虽然有了萌芽,但两侧对称动物门一级分类体系,以及生动而复杂的多样化动物世界,却是在距今5.4亿—5.3亿年,才以“突然”出现的方式诞生(陈均远,2000)。

我国云南省昆明附近的澄江帽天山动物化石群(早寒武纪,约5.2亿年前)和加拿大中寒武纪的布尔吉斯动物化石群(Burgess shale fossils,约5.1亿年前)的发现与研究更加凸现了寒武纪动物世界的多样性。澄江化石群发现了大量现生动物的祖先,例如最早的脊索动物——云南虫(Chen,1995);最早的脊椎动物——昆明鱼和海口鱼(Shu,1999);这不但证实了“寒武纪大爆发”这一重大历史事件,也为研究生物进化(演化)提出了不少新课题(Zhang et al., 2001)。

4.2.5 生命不息,进化不止

自然选择一直以来被科学家们认为是驱动进化方向的主要因素,也是创造了生物多样性的主要原因之一。野生生物在遗传、变异和自然选择的长期作用下,通过广泛的适应辐射,形成了多样化的生物类群。但是,可以把自然选择当成是创造这个丰富多彩的大自然的唯一原因吗?自从人类形成了“利用自然”进而“改造自然”的能力之后,人工选择就已经在物种形成中发挥了极其重要的作用。一方面,在几千年文明发展的过程中,人类对环境的影响(包括改变)巨大,造成了对物种灭绝和形成的强大选择压力;另一方面,人类对与生产相关物种的选择/负选择(包括对传染性疾病相关物种的斗争),特别是“定向突变”(site-directed mutagenesis)、“作物设计”(crop design)、“体外进化”(in vitro evolution)乃至后面还要讨论的“人造生命”的出现,不仅对物种灭绝和形成造成强大的选择压力,而且提供了新的遗传要素(基因及基因表达的调控因子)。这一类物种变异和进化的方向和速度,显然与自然环境下的状况是不同的,但是,其基本的遗传本质和进化本质,却是相同的。换言之,人类只能利用自然规律，不能改变自然规律。

人工条件下的生物进化也称生物驯化(domestication)。自然界中的“突变”和“杂交”现象十分普遍，“突变”和“杂交”的后代能否得到传递则受到环境的严格挑选。在人类能够观察到对自身发展有利的“突变”和“杂交”后代之后，便开始有意识地驯化具优良性状的动植物。例如，对于一致结实和成熟的小麦和水稻的发现和人工选择，直接引发了传统农业的产生。人工选择被认为是家养动物和栽培作物的主要进化动力，其通过持续定向的高强度选择压，使满足人类需求与喜好的表型在短时间内固定，通过定向选育，形成具有稳定遗传特征的品种或品系。由于选择标准的多样化，家养动物和栽培作物逐渐形成了粮用、油用、肉用、蛋用、奶用、观赏用等各种各样的品种或品系，以满足人们各种生产、生活需要。

家养动物和栽培作物是人类文明和社会赖以存在和发展的重要物质基础。但家养动物和栽培作物脱离了生存的野生环境，失去了赖以稳定进化的协同机制。长期的人工选择可导致家养动物和栽培作物遗传结构的失衡和进化潜力的衰退，最终可能导致选择的极限，甚至品种的崩溃。随着农牧生产良种化程度的不断提高，动植物遗传改良品种基因逐步单一化，也使一些古老地方品种丧失，对农牧业生产以及人类生产系统的可持续发展构成了严重威胁。

随着现代工农业生产性污染的加剧，以及大量新型化合物(如抗生素、合成药物、激素等)的广泛应用，环境污染日益严重。环境污染在全球范围内的扩展，不仅形成对很多生物生存的胁迫环境，而且也形成了所有生物进化发展的全新环境。有证据表明，美国军团杆菌病等多种新型传染性疾病的爆发都可能是环境污染导致的。传染性非典型肺炎病毒，即SARS冠状病毒，其原型很可能是蝙蝠中的一类冠状病毒，在长期感染其他野生动物的过程中，逐步形成了一些突变。当原本野生的果子狸，成为人工饲养的动物后，由于其受体与人相似，成为SARS冠状病毒的最好中间宿主，并将病毒迅速传播到人类。原本只能感染禽类的高致病性禽流感病毒H5N1也在与人类的接触中产生了变异和重组，并逐步适应了人体这种新宿主，最终能够直接从家禽传播至人体。

环境污染条件下，生物进化的选择力是污染物，只有能够抵抗和耐受环境污染的生物才能生存下来。这种进化形式与人工选择条件下的生物进化相似，它促使自然界中生物进化的方向发生偏离，打破生物遗传机制的平衡、降低生物进化的潜力。环境污染对生物进化的影响具有全球性，它可能会降低整个生物界的进化潜力，削弱整个生物圈的功能，危及地球上所有生物的生存与安全。

目前，人们对于人工选择的遗传机制和人工选择下基因和基因组的变化、进化规律依然知之甚少，但是随着基因组数据的大量积累和进化基因组学研究的迅猛发展，已经有可能在基因组的大尺度水平上系统研究人工选择的遗传作用机制。“生命不息，进化不止”，自然界和人类社会一起，在进化的道路上“加速前进”，而人类探索生命进化（演化）规律的努力也在“加速前进”。这是一个充满生机的古老而新兴的领域，给人类带来知识，也推动了生物技术的发展。

4.3 人造生命

30亿—38亿年前，原始细胞开始了地球上漫长的进化过程。从原始细胞到原核细胞，从原核细胞到真核细胞，从单细胞到多细胞，从细胞到组织、器官的分化和个体的建成，历经几十亿年迂回曲折的演化，微生物、植物、动物和人类已经在今日的地球上繁衍出庞大的、极为繁复的生命群体。当然，“万变不离其宗”，从理论上说，它们应该有“共同的祖先”。但是，不久的将来，将有新成员加入这个群体，它们的来源完全不同，科学家将通过人工合成DNA产生基因，利用若干基因形成基因组，最后构造大自然中前所未有的新生命——“人造生命”。

细胞是自然界进化的完美成果，并不是如宗教所说的来自于“上帝”的设计和制作。科学研究发现，生命来自于由无机物合成的有机物，再通过生物合成，形成具有新陈代谢和遗传功能的生物大分子，并由此形成细胞。但是，如何“证明”从有机物到生物大分子再到细胞的“假说”呢？合成生物学及其追求的“人造生命”，应运而生，试图以工程技术的方法，真正由有机物“合成”“生物大分子”乃至“细胞”，由此支持“化学进化论”和“生源论”。

自1953年沃森与克里克发现了DNA双螺旋结构以来，分子生物学家将基因设想为“软件”，控制着细胞“硬件”的工作。尽管合成生物学的各项研究和实验还处于初级阶段，但人造生命-合成生物学，这一新兴科学的核心思想一经提出，就为生物学和工程学的融合开辟了空间。例如美国霍华德·休斯医学研究所(Howard Hughes Medical Institute, HHMI) Szostak等研究人员发现，核酸基因组的复制、细胞结构的其他部分的复制，与物理学原理相吻合，自然选择和基于细胞间竞争的达尔文进化在这里得到体现。为此，他们正尝试制造并结合两套自我复制系统：一是可传递遗传信息的核酸(DNA或RNA)系统，二是可将核酸链与外界环境区隔开的膜囊泡。重点构建简单的、可遵循达尔文学说来适应环境变化的、可生长和分裂的人工细胞。

4.3.1 定义与内涵

“人造生命”(artificial life)概念的提出及相关科学技术研究的初步成功，展示了生命科学发展最激动人心的重大突破。人造生命的特点是按人类要求进行设计，能在人工环境或细胞环境下独立生存、繁殖，可预测、可调控、完成人类要求的任务。科学家已经从最简基因组构建出发，经过基因组导入、基因组全合成以及创造可自我复制的细胞等发展阶段，逐步建立了“合成生物学”这一崭新的研究领域。

合成生物学(synthetic biology)一词最早出现于法国物理化学家Stephane Leduc于1911 年所著的《生命的机理》(*The*

Mechanism of Life) 一书中。人类基因组计划的完成后，在系统生物学快速发展的基础上，合成生物学开始真正崭露头角。合成生物学将这样的理念提升至新的高度：创造自然界中并不存在的“软件”和“硬件”，使其成为科学研究发展的新工具和解决人类难题的新手段。与传统生物学通过解剖生命体以研究其内在构造的“分析”方法不同，合成生物学从组成生命最基本的要素的开始，一步步地建立分子和细胞元件，最终创造出新的生命系统，是一种“综合”的研究方法。它不再像传统的分析方法那样以“验证”或“排除”预先设定的假说为目标，而是以合成生命为目标，正面解决合成中的科学问题，求得问题的完整的解决。

Box4：合成生物学的定义

美国加州大学伯克利分校(UCB)的Keasling认为：合成生物学正在用“生物学”进行工程化，就像用“物理学”进行“电子工程”，用“化学”进行“化学工程”一样。

“合成生物学组织”网站(http://syntheticbiology.org)上的定义是：合成生物学包括两条路线：新的生物部件、装置和系统的设计与建造；对现有的、天然的生物系统的重新设计。

“欧盟第六框架计划”新兴工程科技专家组认为：合成生物学就是生物学工程，将工程学的观点应用到生物结构的各个层次，从单个分子到整个细胞、组织以及生物有机体，合成自然界尚不存在的具有新功能的复杂生物系统。

英国皇家工程院则认为：合成生物学旨在设计和构建生物部件、装置与系统，并重新设计现有的天然生物系统。

合成生物学是在现代生物学和系统科学基础上发展起来的一个工程生物学的崭新研究领域，是在以基因组技术为核心的生物技术的基础上，以系统生物学思想为指导，综合化学(生物化学)、物理(生物物理)技术和信息(生物信息)技术，利用基因和基因组的基本要素及其组合，设计、改造、重建或制造生物分子、生物部件、生物反应系统、代谢途径与过程乃至整个生命活动的细胞和生物个体(Box 4)。正如麻省理工学院人工智能实验室汤姆·奈特(Tom Knight)教授所指出的:“合成生物学现在的目标是有意识地设计、模仿、建造、调试和测试人造有机体。”

虽然合成生物学的基础就是以基因组技术为核心的生物技术,类似传统生物技术的工程化;但它并不局限于传统生物技术那种对基因理性组合的模拟,而是一种能从头合成复杂生命的可验证技术。合成生物学与目前基因工程和生物技术方法的关键区别,就是其将工程设计和开发的方法应用于生物技术。这种方法的实质就是为了设计出满足某些特性的产品,对每一个部件、装置或系统的特性进行规范。在构建过程中,系统常常是利用标准的装置建造的,而这些装置则是由标准的部件制造的。标准的部件和装置具有复杂系统建造所需的全部特征。因此,合成生物学含有三个基本要素:第一,是采用从自然界分割出来的标准的生物学元件,即可被修饰、重组乃至创造的元件;第二,是依据基因组和系统生物学的知识进行理性的重组、设计;第三,是采用现代生物技术和相关物理、化学技术,人工建造优化的生物系统,乃至获得新的生命(生物体)。它既是多学科的交叉综合,又是充满挑战和机遇的创新研究。

总之,合成生物学是继系统生物学之后,生物学研究思想在“分析”趋于“综合”、“局部”走向“整体”的认识基础上,上升至复杂生命体系“合成、构建”的更高层次;也是继以“原位改造与优化”为目的的基因工程技术和以“数据获取与分析”为基础的基因组技术之后,生物技术上升至以工程化“模型设计与模块制造”为导向的更高台阶。因此,合成生物学有可能为21世纪带来新一轮技术革命的浪潮,为解决人类当前所面临的资源、能源、环境等难题提供重要的技术手段,从而根本上改变经济发展模式,在带来巨大社会财富的同时,促进社会的稳定、和谐发展。

4.3.2 进展与发展方向

20世纪六七十年代,多种技术和认识的出现,包括基因线路的研究、基因转录的蛋白调控以及DNA重组技术等为合成生物学的发展奠定了基础。1995年之后，随着大规模基因组测序技术和分析方法的成熟，生命科学研究进入到基因组时代。在基因组学研究基础上发展起来的系统生物学和生物信息学为合成生物学准备了理论基础，而在基因组技术基础上发展起来的高通量、大规模的工程生物技术则为合成生物学奠定了技术基础。目前，合成生物学的三大关键技术是计算机建模技术、DNA测序技术和DNA合成技术。模拟设计，在构建之前预测系统的表现是合成生物学一个重要的组成部分。因此，合成生物学与系统生物学很相似，二者都依赖于计算机对生物过程进行模拟。对DNA序列进行“阅读”是合成生物学的第二个重要技术。众多生物的基因组序列为合成生物学家提供了建造功能性装置的丰富信息。一旦对基因组进行测序，下一步便是“重写”或合成所有或部分基因组。合成生物学的最终形成，主要依赖于四个方面的突破：一是低成本、高通量的DNA合成技术；二是快速、廉价的DNA测序技术；三是多年研究积累所获得的特性较好的生物模块；四是工程化设计。

合成生物学的研究目前主要朝两个方向发展。一是设计、建造具有生物功能的元件如生物分子或反应系统、生物装置和基因网络、多元件组成的功能单位及其更高级复杂系统的组装等。二是开发建立生物制造所需要的技术，包括如大分子基因组合成技术，生物功能元件的分析与测试技术，生物体信息的捕获与处理技术，系统模拟与控制技术等。但是，无论是哪一个方面，都要求基础理论的创新和工程技术的创新。

1）采用从自然界分割出来的标准的生物学元件

（1）生物元件（Biobrick）。

生物元件是麻省理工学院的汤姆·奈特和德鲁·恩迪（Drew Endy）提出的，其意义是，一个DNA片段所包含的信息以及它所编码的功能。正如电子学科中的零件一样，许多的生物元件将组合成一种装置，行使一定的功能；许多的装置将组合成系统来完成一定的任务。生物元件是末端带有万能连接器的DNA，可以连接到一起，组成更高级的成分，也能够插入某种细胞的DNA中，从而控制细胞活动。

在电子工程中，如果某位工程师需要用某一特别元件来完成一项工作，他可以翻开目录，找到带有恰当参数的部件，然后从供货商那里订货。他不需要自己来设计这个部件，也不需要知道这个部件如何运作。生物元件则给生物学家们带来同样的便利，使合成生物学家们有了一套标准元件。

德鲁·恩迪则期望，有一天调节其他基因的转换和控制系统，成为合成生物学工业化的基础。目前，德鲁·恩迪的生物元件库已经发展到超过500个基本的元件。他预计在未来的几年中，这一数字将超过1万。

(2)基因线路(Genetic Circuit)。

2000年，当时就职于美国普林斯顿大学的迈克尔·埃洛威茨(Michael Elowitz)和斯坦尼斯拉斯·莱布勒(Stanislas Leibler)，以及美国波士顿大学的柯林斯(James J. Collins)、蒂姆·加德纳(Tim Gardner)和查里斯·康托(Charles Cantor)等，利用生物元件制造了第一批基本线路：一个环形振荡器和一个扳键开关。他们的研究代表了人造功能性生物线路的首次成功。在研究中，振荡器的基本线路是一个质粒(plasmid，环状DNA)，该质粒带有三个基因：tetR、lacI和λcI，分别编码三种蛋白：TetR、LacI和λcI。任何基因翻译成蛋白质的首要条件是，聚合酶(polymerase)与基因上游区域的启动子(promoter)结合。随后，聚合酶将基因转录为信使RNA，然后信使RNA被翻译成蛋白质。如果聚合酶不能与启动子结合，那么基因就不能被翻译，也就不能生成蛋白质。研究者给三个基因的蛋白产物分配了特殊的任务：选择性地与另外一个基因的启动子结合。例如，LacI蛋白与tetR的启动子结合，λcI蛋白与lacI基因的启动子结合，而TetR蛋白则与λcI基因的启动子结合。这种关联性使得一个基因的蛋白产物能够阻遏聚合酶与另一个基因的启动子结合。因此，这三种蛋白的生成构成了一个振荡循环：大量LacI蛋白的生成抑制了tetR基因的表达；TetR蛋白的缺失使λcI基因得以表达，这个过程不断循环。如果将该循环中的一个基因与表达绿色荧光蛋白的基因相连，再将整个线路转入一个细菌中，便形成了像“灯”一样的细菌。如今，这样一种在建立标准模块基础上的基因线路设计，已经发展成一个十分普及的国际大学生竞赛活动“iGEM”，吸引了大量青年人的关注(Box 5)。

(3)分子机器(Molecular Machines)。

分子器件是由许多不连续的分子元件组装起来、并能实现特定功能的组装体。分子机器是一种特殊的分子器件，其构件主要是蛋白质等生物分子。

自然界在上亿年的进化中，创造出了许多高效精美的分子器件或机器。酶是一部物质变换的精密机器，它高效与专一地催化生物化学反应，驱动生物体内的各种代谢变化。在实现能量转换的分子机器中，最具代表性的天然超分子机器就是光合作用系统。光合作用的本质就是一类天然分子机器的运行。在光合作用的器官(如叶绿体)中，被吸收的光子激发使生物体系的化合物产生了一种电子分离的激发态，在生物体内形成了电子载体的有向移动，最终将光学形式的能量转化成化学形式的能量，从而被生物体利用。作为信息变换的分子器件，DNA序列贮存着遗传信息，通过自主复制得到永续生存，通过转录生成信使mRNA，以新生的mRNA为模板，翻译成氨基酸序列。

Box 5：国际基因工程机器设计竞赛

国际基因工程机器设计竞赛(international Genetically Engineered Machine competition，iGEM)由美国麻省理工学院(MIT)于2003年发起，竞赛旨在鼓励全世界的实验室研制一种类似于细菌的机器。这种“细菌机器”将完全由生物有机体合成，能模拟细菌活动，还能依照设计者的指令完成各种特殊的任务。哈佛、剑桥、普林斯顿等世界知名学府无不对此表现出极大热衷。该竞赛有一个自己的数据库，专门收集每年参赛团队设计出的、合成机器人的基因模块。经过6年的积累，这个数据库里已经收集了超过1000个基因模块，参赛者可以此为基础自由发挥。2009年共有107支来自世界各地的科研团队参加了iGEM。

大自然不仅表明分子机器是可以制造的，并已创造了非常有效的自组装方法和复制方式。直接利用生物大分子，或对其进行修饰以实现确定的功能是当前制造分子机器富有成效的方法，如DNA芯片、DNA计算机等。因此，在分子水平上再现生物功能的仿生学方法可以成为分子机器发展的重要的动力，而生物大分子的结构和工作机制自然就成为人工模拟的基础。

20世纪中期，分子生物学发展建立后，遗传、蛋白质生物合成等生命现象可以在分子水平上进行研究，生物机器就自然演变为分子机器。20世纪90年代起，法国图卢兹材料设计和结构研究中心（CEMES-CNRS）就已着手研制分子机器。1998年，该中心成功合成平面分子车轮。2005年，他们首次研制出分子发动机。2006年，该中心又与德国柏林大学科学家在《自然•纳米技术》杂志上共同发布了一项重要成果：成功研制出可旋转的“分子轮”（molecular wheel），并组装出了真正意义上的第一台分子机器（Grill1 et al.，2006）。

分子机器尺寸多为纳米级，又称生物纳米机器，具有小尺寸、多样性、自指导、有机组成、自组装、准确高效、分子柔性、自适应、仅依靠化学能或热能驱动、分子调剂等其他人造机器难以比拟的性能，具有重要的生物学研究意义和仿生学意义。科学家们正在试图对分子机器进行有序排列，利用它制造具有广泛用途的纳米器件，例如在人体细胞内清除病灶、充当药物运输的人造载体、形成分子阀门等。2008年，英国和日本化学家联手开发了一批分子机器人，可以探测活细胞内未知的化学环境，并将细胞膜的2种不同化学特性的测量结果加密成光信号传送回来。这些测量结果有助于生物化学家探知细胞的能量产生机制以及神经细胞中的信号传递机制。今后，如果能实现分子尺寸的有序排列与单分子操作技术方面的突破，分子机器必定能在纳米科学领域掀起一次革命。此外，分子机器为研究与模拟生物领域的超分子过程(如光合作用、酶的催化作用)也提供了一个新的思维的平台。分子机器为研究生物过程提供了原理性器件分子，使人们能真正从微观分子领域去思考生命过程，也为模拟生物过程并最终将生物过程付之实践提供了可能。

细胞工厂(Cell Factory)

“工厂”是能够生产或制造某种产品，或者进行某种处理程序的场所。作为新陈代谢最基本的结构和功能单位，细胞含有各种各样的纳米机器。它们以生物化学的形式发生联系并相互作用，有机地、协调地、高效地、不停息地工作，进行物质和能量的转化，维持细胞和个体生命活动。

在细胞工厂中，细胞核储存遗传信息、管理细胞工厂，调控几乎所有的重大细胞活动。细胞核中的核仁是核物质密度最高的区域，其精细结构和功能还不十分清楚，是现代细胞生物学的研究热点。

原生质是细胞工厂中的主要“厂房”。其中，原生质膜是“工厂”的“围墙”和“运输通道”，具有三个功能：为细胞物质设定空间；调节细胞的物质输入和输出；细胞与外部环境的通讯。细胞骨架是细胞工厂设施的“支撑结构”和“内部运输通道”，其结构为蛋白纤维网络，包括微丝、微管和中间纤维。内质网与各细胞器膜形成一个隔离于细胞质基质的“管道”及网状膜系统，为细胞工厂提供大量的场地面积，并具有运输化学物质的功能。线粒体是细胞的“动力车间”，叶绿体则是绿色植物细胞的“能量转换车间”。核糖体是蛋白质生产的“装配车间”，在一系列辅助因子和酶的作用下，合成细胞所需要的蛋白质。高尔基体是蛋白质的加工、分类和包装车间，含有多种酶类，对蛋白质进行修饰。溶酶体含多种酸性水解酶类，起消化细胞吞噬的大颗粒异物并对其水解、自体吞噬并清除细胞中废弃的生物机器的作用。囊泡是细胞工厂内部运载车，产生于内质网膜、高尔基体或原生质膜。承载高尔基体等器官加工过的物质，在马达蛋白的驱动下，沿微管运行，将“成品”运抵细胞内特定区域，或分泌至细胞外。

此外，“工厂”意味着各要素是根据人的意志“设计”进行的，可以根据需求设计生产线及辅助系统等，并调控生产进度。因此，了解菌体的遗传操作背景及原有的代谢途径或网络就成为了“工厂设计”的基础，而细胞工厂也多基于遗传背景相对清楚的模式菌而构建。

2）依据基因组和系统生物学的知识进行理性的重组、设计

生命现象极其复杂多样，因此研究这些复杂生命现象的生物科学也产生了越来越多的分支学科，形成了现代生物学发展的高度分化。但另一方面，各学科之间，以及生物学与数学、物理、化学诸学科之间的相互渗透、融合也越来越深入。近年来，这些学科之间的交叉和融合，使系统生物学的研究得到了快速发展。这为基因组和系统生物学知识的获取，以及基于此的理性重组、设计奠定了基础(图4.5)。

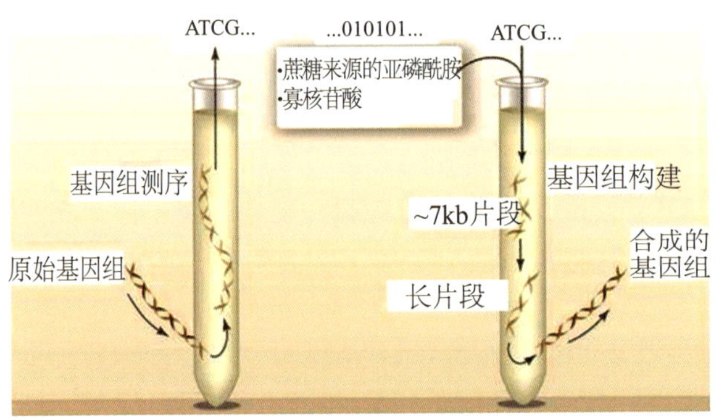

图4.5　基因组构建：细菌基因组可以利用DNA序列信息和原始的化学物质进行构建。DNA测序技术解码了生物体的基因组；而DNA人工合成和基因组构建技术则使反向过程成为可能

（来源：生命奥秘，www.lifeomics.com/?p=19157）

(1)基因组合成。

基因组是生命最基本的信息载体，在由成千上万的碱基构成的核酸链上，记载了生命活动需要的所有遗传信息。人工合成基因组是合成生命的一个基本目标。2008年，J. Craig Venter 研究所(JCVI)发表论文，公布了他们在基因组组装研究上取得的重大进展(Gibson et al.,2008)。研究者使用同源重组的方法，在实验室酵母细胞中成功地合成了含有582970对碱基的生殖支原体(mycoplasma genitalium)的基因组，并将其命名为Mycoplasma genitalium JCVI-1.0（图4.6）。这一研究标志着，创造完整的合成生物体三个关键步骤中的第二步取得了重大进展。正如为该研究项目提供资助的美国能源部所评价的，这一工作如同早期的测序工作一样，初看起来没什么大用，但从长远的发展来看，却可能有着巨大的应用潜力(Box 6)。

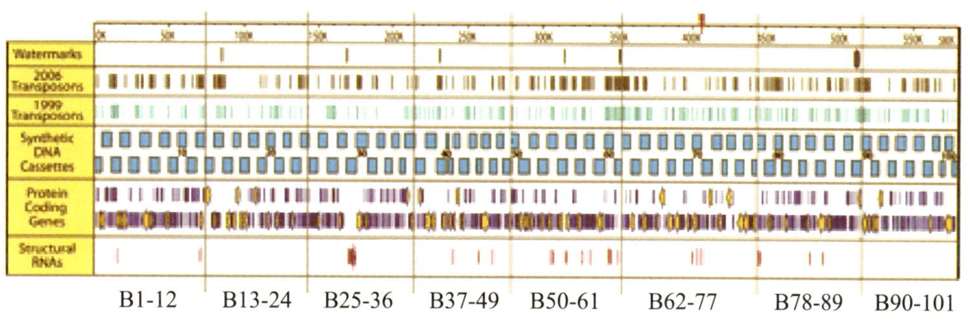

图4.6　M.genitalium JCVI-1.0基因组环形图的线性表示(Gibson DG et al.,2008)

Box 6：人造生命

2002年，Wimmer实验室用化学合成的方法合成了具有感染活性的脊髓灰质炎病毒。

2003年，Craig Venter研究团队用化学方法从头合成了基因组长度为5386bp的噬菌体ΦX174的基因组。

2007年，Craig Venter研究团队实现了不同细菌种类的整个基因组的替换。

2008年1月，Craig Venter研究团队用化学方法合成了长度达582970bp的细菌基因组。

2008年7月，Jack W. Szostak研究组初步合成了简单的人工单细胞模式。

来源：Cello et al., 2002; Smith et al., 2003; Lartigue et al., 2007; Sheref et al., 2008.

Venter等构建的这一582970 bp长的“人造”基因组也明确地说明了现在利用公开的DNA序列数据、方法、材料，构建包括受严格调控的病原体(如天花)在内的所有已知的人类病毒基因组是可行的。目前，基因组的构建过程本身以及含有新合成的无活性基因组的转染载体的制作，都需要非常熟练的专家和大量的资源。

(2)系统生物学知识的应用。

传统生物学研究的目的就是了解各种有机生物体。为了减少复杂性，人们往往把它们分解成各个部分，例如生物分子、信号通路、细胞等，然后在特定的条件下进行研究。通过这种思路，生物学家们发现了基因组、蛋白质、生物体的种种性质以及相互之间的作用机制。虽然研究者尽力去分析生命复杂系统，但是他们面对的哪怕是一个最简单的生物系统，仍然难以了解系统内的每一个参数，或预测系统的动力学精确特性。系统生物学是研究一个生物系统中所有组成成分(基因、mRNA、蛋白质等)的构成，以及在特定条件下这些组分间的相互关系的学科。从工作流程上看，系统生物学有四个阶段：第一步是对选定的某一生物系统的所有组分进行了解和确定，描绘出该系统的结构，包括基因相互作用网络和代谢途径，以及细胞内和细胞间的作用机理，以此构造出一个初步的系统模型。第二步是系统地改变被研究对象的内部组成成分(如基因突变)或外部生长条件，然后观测在这些情况下系统组分或结构所发生的相应变化，包括基因表达、蛋白质表达和相互作用、代谢途径等的变化，并把得到的有关信息进行整合。第三步是把通过实验得到的数据与根据模型预测的情况进行比较，并对初始模型进行修订。第四步是根据修正后的模型的预测或假设，设定和实施新的改变系统状态的实验，重复第二步和第三步，不断地通过实验数据对模型进行修订和精炼。系统生物学的目标就是要得到一个理想的模型，使其理论预测能够反映出生物系统的真实性。因此，基于系统生物学研究的模型，可用于指导理性的重组、设计，从而解决合成生物学发展中的复杂性难题。

3)人工建造优化的生物系统

近几十年来，生物学一直遵循应用、修改、提高天然系统的规则来产生新的应用知识。在此基础上，生物体的不少天然性质已被发现并获得应用。然而，这一传统的研究思路也存在较大的缺陷，而人工建造优化的生物系统则有助于科学家突破这些研究瓶颈。

在研究材料获取和理性设计上，传统的生物学研究依赖于生物世界巨大的多样性，这限制了人们理性设计和预测生物系统的能力。传统生物学研究的目的就是了解各种有机生物体。合成生物学的发展，为弥补生物学研究材料和研究思路的这些缺陷提供了理论发展和实践应用的机会。正如Venter所指出的，“这是人类自然科学史上的一次重大进步，显示人类正在从阅读基因密码走向有能力重新编写密码，这将赋予科学家新的能力，从事以前从未做过的研究。”

在复杂性研究能力上，传统的生物学研究往往把生物体分解成若干部分，这在简化研究内容的同时，也不可避免地使人们对生命的理解孤立起来。与之不同的是，在对生命系统各个部件以及它们之间的相互作用的理解基础上，设计复杂生物系统是合成生物学的基本目标。

从研究成果的应用价值上看，传统的生物学研究中的上述缺陷，也必然使其无法解决系统性难题，或者在很大程度上限制其应用效率。但是，基于合成生物学的研究成果则可能使人们突破当前的诸多技术瓶颈，从而开辟广阔的发展空间。例如，美国加利福尼亚大学伯克利分校化学工程学教授Jay Keasling等在代谢途径的研究中取得了突破。他们在青蒿里发现了与青蒿酸(amorphadiene)合成有关的新酶，将其相关的基因植入酿酒酵母后，使酵母生产出了青蒿素的前体物质——青蒿酸，从而大幅增加了青蒿素的产量，降低了治疗疟疾的成本。他们对酵母的遗传改造分为三个步骤：首先，研究小组在酵母中构建与大肠杆菌中同样的代谢通路，随后将大肠杆菌和青蒿的若干基因导入酵母DNA中，导入的基因与酵母自身基因组相互作用产生青蒿酸。最后，将从青蒿中克隆的酶P450基因在产青蒿酸的酵母菌株中进行表达，从而将青蒿酸转化为青蒿素（Vincent et al.，2003）。

合成生物学的光明前景将激励着研究者设计更多的人工生物系统。随着DNA的合成成本的继续下降、基因组合成技术的进步、系统生物学的发展和工程化水平的提高，这些人工生物系统可望在工业、医药、环境等多个领域中得到应用，从而解决人类发展中面临的能源、资源和环境等重大问题。

4.3.3 人造生命（合成生物学）可以直接解决人类发展面临的若干重大挑战

合成生物学以工程学理论为指导，涉及微生物学、分子生物学、系统生物学、遗传学、材料科学以及计算机科学等多个学科。作为一门学科，合成生物学还很年轻；但它囊括了与人类自身和社会发展相关的各个研究方向和内容。正如大规模集成电路与计算机技术的发展所带来社会的巨大变革一样，合成生物学未来将会在能源、化学品、材料、疫苗等领域得到广泛应用，产生巨大的社会效益及经济效益。在多学科交叉的基础上，合成生物学的研究发展，将为解决人类发展面临的环境、能源、粮食、疾病等若干重大挑战带来新的希望（Box 7）。

1）工业

酿酒、食品、发酵、酶制剂等工业门类均利用微生物的代谢过程来进行生产，随着生命科学的发展，人们已经用基因工程方法来改造所利用微生物的特性，发挥其更大的潜力，急速地提高产品质量、改进生产工艺，抑或发展出更好的新产品。例如人们用基因工程的方法，把糖化酵母中编码切开糊精的酶的DNA基因引入酿酒酵母中去，这样的酿酒酵母工程菌能最大限度地利用麦芽中的糖成分，使啤酒产量大幅度提高；同时，该方法也降低了残余的糊精量，提高了啤酒的质量。

合成生物学的先进工具使得研究非天然生物燃料菌成为可能，能够利用现有的运输设施，不需修建新设施就可以生产如乙醇等"自然"生物燃料。JCVI推测，酵母可以用于生产多种DNA分子和遗传途径，即通过特殊的设计和合适的过程，使酵母转变为一个遗传工厂。目前，合成基因公司（Synthetic Genomics Inc.）已经利用该技术制造下一代高效生物柴油和生物基化学品。未来，该技术还可望用于解决生物能源生产、气候变化、新药开发等全球性问题。

2）医药

高产药物的工程菌使越来越多的蛋白质类药物，已能通过工业进行大批量生产，从而使药物成本大幅度下降。例如，治疗糖尿病的胰岛素和用于治疗肝炎等病毒感染性疾病的干扰素的生产。合成生物学通过修复细胞功能、消除肿瘤、刺激细胞生长和使某些决定性细胞再生，实现治疗各种疾病的目的。加州大学旧金山分校的科学家已经开始设计可像机器人一样被编程的细胞，从而使细菌具有触觉、视觉和嗅觉传感器，并利用"基因线路"来集成各传感器的信号，通过"基因线路"控制细胞过程。这些"程序"及其基础理论的发展和应用，是医药和工业进步的动力。例如，由此设计的新微生物可以随着血液循环在人类体内运动，找出致癌肿块所在的部位。微生物可能配有四个"生物装置"：第一个用于探测肿块的低氧特征，第二个用来侵入癌细胞，第三个用于产生毒素以杀灭癌细胞，第四个用于预防癌症复发。此外，循环的"细胞卫士"还能用于检测和调整葡萄糖和胆固醇等影响血糖的关键物质。

3）环境

合成生物学可用于制造各类细菌，以实现消除水污染、清除垃圾、处理核废料，甚至可以用于制造生物机器，探测化学和生物武器，发出爆炸物警告，从太阳中获取能量来制造清洁燃料等。例如，能"吃油"的工程菌。油轮的海上事故常常使海面和海岸产生严重的石油污染，造成生态问题。早在1979年，美国GEC公司就构建成具有较大分解烃基能力的工程菌。在石油污染时，人们把“吃油”工程菌和培养基喷洒到污染区，收到良好效果。该技术经美国联邦最高法院裁定，GEC公司获得专利，这也是第一例基因工程菌专利。

Box7：英国皇家学会有关合成生物学10—25年的愿景和展望

10年展望

常规的和经济可行的大量合成DNA序列（基因组），以加强合成生物学的应用。

合成生物学技术将引入到生物技术过程中，包含对现有药物的调整，改善其治疗性能，减少副作用或不产生副作用。

合成生物学与组织工程学相接合。精确的三维支架结构的细胞连接，具有使各种工程组织更容易建造的潜力。

利用新的基于合成生物学的燃料的生产过程，开发更高级的生物燃料。

通过人造树叶技术，模拟光合作用过程，降低CO_2水平。

合成生物技术将用于新型的环境友好杀虫剂的设计。

研发基于生物学的轻型、坚固的材料，应用于航空和汽车工业。

研发出一系列工业标准的生物部件，储存于专业的部件库中。这些部将会被组装成各种装置。另外，在这段时间内，还可能生产出基于生物的存储器。

25年展望

合成永久留存在体内，用于探测某些疾病的生物传感器。

生产具有高度适应性的抗体。

开发更为高级的生物燃料，应用于不同的领域。

生物工程替代品将取代塑料等许多石油产品。

开发基于生物的装置和系统，作为生物世界的微处理器，并行使一系列监控功能。

建立基于工程的生物合成技术和方法，进行精细化学品、工业酶和复杂药物的合成。

来源：Synthetic Biology:scope, applications and implications,2009,5.

4）农业

相对传统的育种工作来说，将负责特定功能的基因转入农作物或家养畜禽中去，构建转基因植物或转基因动物是一种革命性转变。它使得育种的目的性更强，育种的时间大为缩短。目前，第二代、第三代转基因技术不仅可提高农作物的抗病虫害、抗旱、抗涝、抗除草剂等抗逆性能，改良农作物性状，还使作物更富营养。此外，还可利用转基因作物和动物生产贵重的药物和工业用原材料等。

4.4 发展战略重点

尽管在探索生命起源、认识生物进化和改造生命使之为人类社会服务的过程中，人们取得了相当的成果。但是，要合理地、全面地揭示生命的本质，真正主动地、成功地改造（或创造）生命，还有很长的路要走，摆在我们面前还有很多待解决的问题。例如，遗传密码子的起源，只停留在字母的扩充上，缺少化学和物理的依据，核酸蛋白耦合关系并没有得到完善的解释；细胞膜，特别是真核细胞的核膜和内质网膜体系的形成，以及相关的物质传输和信号传递体系的形成与进化机制等等。在更基础的领域，例如手性与生命起源的问题——蛋白质骨架只用L-α氨基酸（而不用β、γ氨基酸），核酸骨架用D核糖（而不用其他种类的糖，如葡萄糖）等。要想在这些问题的研究上有所突破，需要经过长期的努力，需要研究思路的创新，技术的突破，还要面对伦理、道德方面的挑战，当然，需要更多不同学科的优秀科研人员加入这一领域，共同奋斗，取得研究的突破。

4.4.1 需要解决的重大科学问题

生命，在从无机物到有机物，从有机物到可以自主复制的遗传物质，从遗传物质到细胞结构的形成，从单细胞生物到多细胞生物等发生发展的历史长河中，经历了一系列巨大而重要的

“演化跃迁”(major evolutionary transitions)(Szathmary and Smith,1995)。要研究如此丰富多彩的生命及其起源与进化,必须先对“生命”或者“生物”有一个明确的定义。生物有很多区别与其他非生物的共性,但是,最核心的是承载了遗传信息和代谢机器的细胞,从环境获取能量,与环境进行物质交换(新陈代谢),能够生长发育并自我复制,繁衍后代。认识生命起源、进化和人工合成生命要解决的关键问题就是生命活动的化学基础(生物分子和生理代谢)、物理基础(即结构基础,包括细胞和亚细胞结构,细胞的分化和演化)和信息基础(遗传语言及其储存、有序表达和变异进化)。这就需要加强生物学与数理、化学、天文学、信息科学、地质科学、环境科学等学科的交叉融合,解决一系列关键的科学问题:

(1)生命起源和进化的原初(内在)动力?如何识别其他星球和早期地球上的生命迹象?生命怎样从宇宙和行星中最初出现,其中基本的物理和化学原理是什么?

(2)生命如何从分子进入细胞阶段?是什么自然力促使有机分子可以在地球环境中发展成为具有多种生命大分子结构的细胞,并具有新陈代谢和自我复制的功能?

(3)生命如何从单细胞开始,不断演化、进化,建立多细胞、复杂的生命系统和生态系统?

(4)多细胞生物分化、发育的机制是什么?

(5)新性状出现的机制是什么?

(6)生物多样性的本质是什么?

(7)生物进化(演化)中的环境因素及其作用机制是什么?进化的机制和生命的环境限度是什么?控制和限制进化、代谢多样化和生命对环境适应性的分子、遗传和生物化学机制是什么?

4.4.2 未来的研究趋势

按照目前的假说,生命起源是在古老的自然环境中从无机分子合成有机分子,从有机小分子合成有机大分子,再到自我复制有机大分子这样一个化学的、随机的“进化”过程。与此相关的是细胞膜的形成和细胞新陈代谢的出现。当具有自我复制能力、可进行新陈代谢的细胞出现时，生命就形成了，基于随机突变和选择的生物的进化(演化)历史过程也真正开始了。人们不可能完整地重复这一过程，所以，除了有限地开展实验进行部分的重演外，最可能的方法是从现存生物中发现遗存的历史痕迹，反推生命起源和进化的原理及其实现过程中的边界条件。用合成生物学的方法，则是利用比较和进化基因组和系统生物学研究学习到的知识，对于一定的生命过程或生物体进行“合成”研究，从根本上证明其中的物理、化学和信息的生物学规律。因此，今后的研究趋势是，一方面继续在地球的特殊环境以及地球以外寻找生命的痕迹，另一方面通过人工合成和改造生命，了解生命的本质，认识生命复杂系统构成的基本规律，造就一批有重要农业、工业和环境用途的新型生命体系或品种。此外，通过分子进化研究生命起源进化的机制也由于基因组学研究所提供的技术和数据，正在成为研究生命起源的重要途径之一。

1）寻找生命的痕迹

各种极端环境，包括类似古地球环境的远古孑遗环境，这些环境下的生物基因往往蕴涵着生命起源和进化历程的丰富信息，对揭示生命本质、了解生命极限和生命起源等问题将有可能会提供重要启示。例如太古宙是地球最古老的时代，在地球演化的初始阶段，地壳运动剧烈，火山喷发、岩浆横流、构造变形以及陨石撞击事件等地质灾变频繁发生。前人多认为，在太古宙极端地质环境下不可能有生命存在。近年来，在太古宙地层中陆续发现一系列早期生命形态及指示生命存在的信息，引起国际学术界极大关注，因此，今后将进一步在远古地层中寻找化学化石和微体化石等生命的痕迹，希望从中找到生命起源的更多线索，研究原始生命起源的时间和演变过程，发现生命起源和进化的原理及其实现的边界条件。另一方面，探索外星生命，发展太空生物学(astrobiology)已经成为国内外太空科学的重大前沿。空间生物学家通过对包括火星、月球等星球上取得岩石和尘埃样品的监测，寻找可能存在的生命现象，研究地球上生命起源的可能途径；利用各种航天飞行器探索生物对空间环境的反应，为人类征服太空提供理论知识和技术依据。

2）利用基因组学的研究方法和思路

随着分子生物学理论的不断发展，大规模基因组测序技术的成熟，人类进入了基因组时代，2000年人类基因组草图完成是基因组时代一个重要的里程碑。21世纪的生命科学进入到“后基因组时代”。截止2007年年底，已完成或正在进行全基因组研究的物种有1821个，其中包括1497种原核生物和324种真核生物。在这样一个“后基因组时代”，进化论也有了新发展，即通过比较基因组学，研究者能够在众多物种全基因组序列(而不仅仅是有限的若干基因序列)的基础上去研究物种在进化上的关系和规律。元基因组学(metagenomics)利用大规模测序技术研究环境中微生物群落的多样性，同时亦可高效、快速地发现、鉴定和分析未知的基因资源，可为生命起源和生物进化的研究提供重要的工具。而有效地利用这些基因资源，修饰生物以应用到工、农业生产中是今后生物合成的一个重要的方向，也是改造环境、创造外星生命环境的重要基础。

另外，古生物学与发育生物学和分子生物学融合，正在逐步发展到与“基因”进化结合的阶段。越来越多的研究者将古生物资料(化石记录)与基因组学相结合，以探讨历史上生物界的进化事件，即通过研究演化进程末端的现生生物的DNA或蛋白序列，结合相关生物类群的地层记录，进而讨论它们的演化问题。

当生物进化到多细胞阶段之后，分化和发育，包括形态变化(morphological change)就成为进化的关键，这也促使了进化生物学与发育生物学的融合，导致一个新学科的产生–进化发育生物学(evolutionary development biology，evo-devo)。由于其明显的表型特征及其与古生物学的天然联系，多细胞生物的形态建成及变化在很长时间内成为分子发育生物学的重要研究内容，也为发育进化生物学的研究奠定了具体的分子基础。发育生物学研究已经以线虫、果蝇等模式动物为材料，在阐明基因如何控制动物形态多样性的产生方面取得了一些研究成果，初步建立了基因调控发育的模式和遗传调控系统的演化变异与动物多样性发生的一般规律(Cynthia，2002)，可以在实验室里获得有关动物形态多样性产生机制的实验数据，通过逻辑类比反推出动物起源和早期演化的形态变异机制。而古生物学化石资料的佐证，可以揭示现生动物中不可能观察到的形态多样性及其演化模式，对关于生物及其调控基因起源的推断结果做出检验(杨敬平等，2006)。因此，古生物学与发育生物学和分子生物学融合，正在逐步发展到与"基因"进化相结合的阶段。

总之，进化发育生物学的发展，使得进化论重新成为一个大一统的宏观体系，使得我们能够通过发育的角度，从基因到表型的一个整体、系统的层次看待进化，使得我们在追求还原进化历史的路途上更进了一步。

3) 人造生命

20世纪60年代，人们破译了遗传密码，70年代遗传工程有了重大突破。很自然，生物学研究的下一个重要目标就是用人工的方法合成生命。人类已不满足于原有的小打小闹，零敲碎打型的改造生命的方式。

随着人类基因组计划的胜利完成，一些基本技术，例如基因组测序和DNA体外化学合成速率，已取得里程碑性的突破。基因组测序速率比过去10年增加了500倍以上，而测序成本下降了3个数量级以上。另外，DNA合成速率也比过去10年增加了700倍以上，每年都在翻番。更为重要的是，利用可编程的DNA微芯片，实现了精确的多通道基因合成，从而可在短时间合成大的DNA片段，而且错误率很低，合成成本也大大降低。

实施合成生物学有两大战略。一个是从头合成的战略；另一战略是从天然生命"缩减",得到最简的生命,同时进行改造和创造,对现存生物的某些结构,先拆开、再组装,以研究生物大分子"由死变活"的机理。无论是何种战略,都需要中间步骤,如果拓宽视野,我们确实可以将基因工程、蛋白质工程、代谢工程乃至于细胞工程(干细胞技术)和组织工程(人造组织和器官)都归结于"人造生命"和"合成生物学"这一领域。它是分子生物学和基因工程的自然延伸,当然它也是基因组研究在更高层次上的发展。其最终目标是,希望可以根据人类的意愿从头设计,合成新的生命,并实现对研究生命起源的一种模拟。其带来的直接效益是对现有生物体的有目标的改造,适应人类对自然不断增长的需要。

4.4.3 核心问题、技术途径

生命起源和进化是一个特别漫长的随机整合、突变和自然选择的过程,依赖一系列现代社会很难重现的环境条件。人们不可能简单地重复这一历史过程,但有可能从现存生物中遗存的历史痕迹发现生命起源和进化的原理及其实现所需的边界条件。另一方面,人们可以通过改造和构建生命,来了解生命的本质和要素,同时,实现生物技术的一次新的革命,将对生物体的改造从局部扩展到整体,从核酸为主要对象,延伸到蛋白、脂膜、多糖和复杂生物活性小分子。

未来,将充分利用基因组、相关"组学"和生物信息学所建立的技术平台,加强生物学与数理化和天文学与地质科学的交叉结合,解决一系列生物学基础科学问题,实现与人工合成生命相关的生物技术的革命和/或整合提高,在生物工程技术方面产生一系列重要的突破性进展。将在以下几方面开展工作,并取得突破。

1)简单生命(单细胞)的特征——起源和进化(演化)、合成及改造

这里所指的简单生命包括细胞前的生命分子的形成(合成)

和功能的分化进化以及单细胞生物(包括原核和真核)的形成和功能体系形成。至于细胞的分化和演化问题,将在下面专门叙述。这部分工作将通过对简单生命元件(分子和细胞)起源及其进化规律和基本特征的研究,探讨简单生命包括细胞前的生命分子的形成(合成)和功能的分化进化以及单细胞生物(包括原核和真核)的形成和功能体系形成,发展利用简单生命元件和对其修饰、重建的合成生物学技术,开发生命活动(主要是代谢)途径和网络检测和重构技术平台、生命(酶和细胞水平)的设计和基因组改造、合成、表达、优化技术平台("超级酶系"和"超级细胞"、"超级细胞群"),应用于解决能源、环境、医药等领域的重大问题。

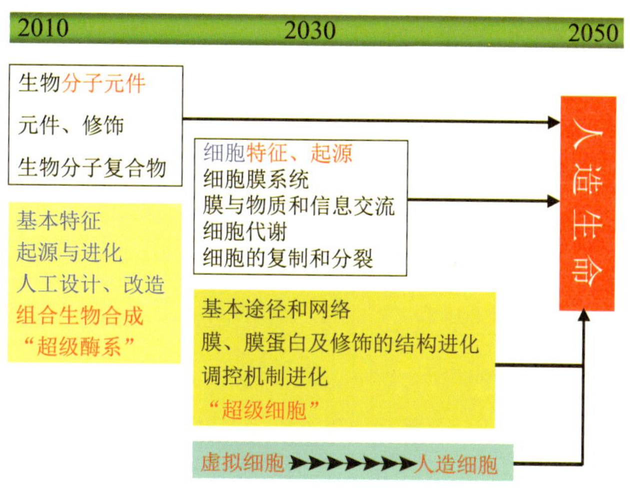

图4.6 简单生命的特征——起源进化及合成改造

具体的工作可能包括以下几方面。

(1)生命分子的起源、合成和改造。

①功能性生物分子的起源与进化:结合生物化学和物理化学方法研究生命前小分子物质的自催化合成与信息传承,生物小分子聚合及演变成复杂分子的化学形成和进化过程,包括生物学功能从原始RNA催化分子向DNA、各种RNA及蛋白质分子"分化"的形成过程。

②功能性生物复合体的起源与进化:研究前生命聚合体形成及组合进化的可能途径,探索这些途径中的原始机制,以及出现高级催化和遗传功能的潜力。

③生命元件的设计和合成：人工精确合成大片段DNA、人工合成特殊RNA、人工合成功能蛋白质和生物质膜等。

④简单生物分子的修饰和组合生物合成：尝试增加新的遗传密码、氨基酸等基本元件种类，增加新功能分子，合成新功能的蛋白质和蛋白质复合物，优化现有的体外生物合成催化体系，建立新的体外合成催化体系。

(2)细胞的特征、起源、合成和改造。

①细胞的形成(膜形成)：研究各类生物膜的形成，进而研究细胞膜、核膜、内质网膜的形成，生物膜的构建和改造；研究与细胞膜体系相关的基因和生物学过程。

②细胞与环境的关系：研究与细胞代谢、分裂相关功能的结构(如细胞器)，膜形成后物质运输、能量产生、信号传递等功能的形成和调控；研究细胞的运动、黏附、变形和聚集等功能形成，研究细胞群体形成和细胞分化的关系。

③细胞的复制和分裂：单细胞进行复制、分裂的原始机制。

④进一步发展生物信息学：利用组学数据，结合系统生物学，整合细胞内和试管内代谢数据，建立虚拟细胞数据和分析平台。

⑤细胞的改造：利用生物工程技术，人工设计或改造适用于不同目的、用途的"超级细胞"或生物反应器，例如用于高效次级代谢分子生产的细菌细胞，人源抗体生产的哺乳动物细胞，人源糖基化的昆虫细胞和酵母细胞等。

2）复杂生命体系的分化、演化及改造

细胞从最简单代谢和生长分裂进入到分化发育，进而形成多细胞的复杂生命体系。这些复杂生命体系的演化、进化，构成了今天丰富多彩的生命世界。这里所指的复杂生命体系，就包括从具有"简单"分化发育功能的"高等"的原核细胞到多细胞高等生物(动物和植物为主)。该部分工作将探讨细胞从最简单代谢和生长分裂进入分化发育，进而形成多细胞的复杂生命体系；认识多细胞生命体系中免疫、神经、生殖等重要功能的发育机制

和进化规律；理解在复杂生物体和生物群体内，新基因起源进化(演化)的机理，多细胞动植物发育分化的遗传、表观遗传调控机制和进化遗传机制等。

为了有效地开展这一系列复杂而困难的研究工作，发展干细胞诱导和可控发育、大规模转基因和体细胞克隆等技术。同时，开发大规模、高通量基因组测序和信息分析平台、动物模型体系研究平台、大规模动物转基因技术平台、植物模型体系研究平台、植物基因组多样性研究平台、大规模植物转基因技术平台。这些技术的开发和平台的建设，特别是干细胞的全能性和分化技术的建立，将为肿瘤等重大疾病防治和农牧业高效育种的突破奠定基础。

具体的工作可能包括以下几方面。

(1)早期单细胞和多细胞生物特别是动物的分化、演化及改造。

① 单细胞生物分化发育特征的研究：单细胞生物分化发育反映了生物进化中的重要步骤。自然界为我们留下了多种、多样、多层次的单细胞分化发育的模式。对此深入研究，特别是分子遗传学和表观基因组学的研究，同时开展合适的相关的人工生命合成与改造的研究，会在近年内产生较为重大的成果。

② 多细胞生物分化发育特征的研究：多细胞生物出现是生命从低等向高等进化的关键，出现了规律性的细胞功能的分化，特别是适应专一营养方式的形态分化和适应遗传变异进化的营养组织器官和生殖细胞的分化。结合古生物学的关键性发现，针对多细胞生物进化过程中的重要节点，探讨决定这些适应的基因及基因网络的起源及其功能演化；进而在基因组和其他“组学”基础上，深入探讨多细胞生命体系分化发育及演化进化的分子机制(Box 8)。

Box 8：多细胞生命的早期分化

团藻(volvox)是研究生物从单细胞到多细胞转变的一种很好的模型，由嵌入一个黏性基质上的4个到5万个细胞组成。以前根据单个基因以及单个化石的研究，确定团藻的分化时间大约在5000万年到7500万年前。

美国亚利桑那大学的研究人员利用几种化石校正点(fossil calibrations)和一组叶绿体基因测定了团藻的分化。根据系统发育的计算分析，他们发现团藻很可能是在2.34亿年前从其他藻类分化出来。到了约2亿年前，这种藻进化出了目前看到的大多数适应性。研究人员认为，此结果凸显了包括动物祖先在内的所有多细胞生物的起源，必须出现的遗传变化的类型。

来源：Herron et al., 2009.

③干细胞(包括胚胎和成体干细胞，含"诱导性多能干细胞"(iPS)和"肿瘤干细胞")多能性和诱导分化机制以及体细胞克隆重编程的研究。结合这两个方面的研究，认识多细胞生命体系分化发育的本质。结合方法学上发展体内和体外干细胞维持和分化以及体细胞克隆的新技术，最终有可能认识干细胞定向分化的调控机制。

④模式动物的发育和分化：发展研究胚胎发育的新型分子示踪和成像技术，阐明控制动物发育的主要分子过程，实现人工所需形态的初步诱导和干预。最终阐明发育的所有过程，并比较不同物种形态构建过程的差异，进一步理解遗传、发育和进化统一的基本生物学规律。

⑤转基因克隆动物的研究开发：解释人工选择的遗传和分子机制，发展转基因克隆动物技术，人造组织和器官，实现家养动物中的多基因转入，获得一些新品种。这些克隆技术也可用于野生动物的保护和利用。

(2)植物的分化、演化及改造。

①植物基因组多样性形成和发展的研究：在新一代测序技

术大量测定物种基因组的前提下，认识植物基因组多样性和可塑性形成和发展的规律。

②转基因植物多样性和调控的研究：在基因组和其他"组学"的基础上，探讨植物在自然选择和人工选择的遗传机制，揭示在不同环境条件下，植物多样性形成的进化规律，研究栽培作物形成和进化的遗传和表观遗传本质。

③植物的人工改造：发展植物大规模转基因技术，在一些重要农作物中实现多基因的转入，改良农作物品种或野生植物的利用，获得一些经过较多基因设计的、有重要经济价值的新品种。

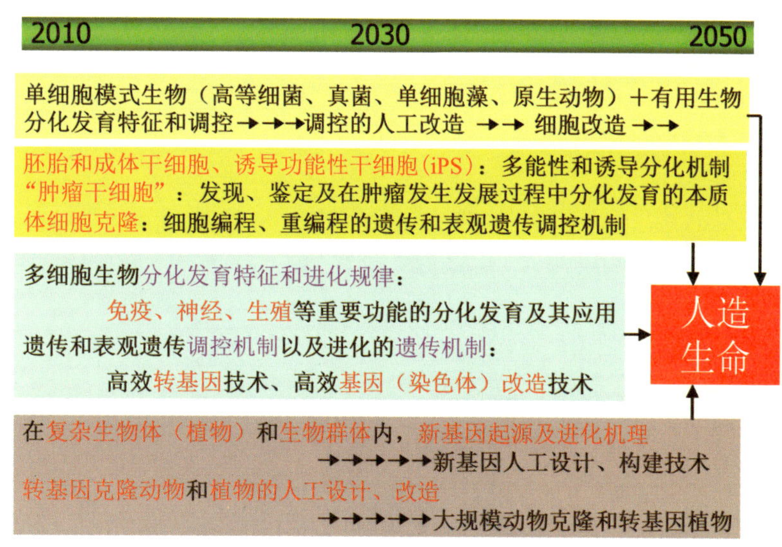

图4.7　复杂生命体系的分化、演化及改造

3）生命进化过程中环境因素及其机制

生命的起源和进化都是与环境条件不可分割的。虽然远古的环境条件一般是难以重复的，远古环境条件的长期作用更是无法直接重复的。但是，在今天的自然界里依然能发现远古环境"类似物"。这里所指的"极端环境"不仅包括地球上的极端环境，也包括宇宙环境；不仅指现实的极端环境，也包括远古孑遗的环境（自然环境和古化石环境）；不仅强调古环境的雷同，也注意新生特殊环境（特别是污染环境）。

本部分工作将通过早期生命和极端环境（包括外星球等）生

命的发现和鉴定，研究生命起源的环境基础以及生物对环境适应的进化和发育生物学机制；认识环境在进化（演化）中发挥的作用；研究和保护生物多样性，发现和改造环境治理和恢复的重要物种；建立与环境分子生态学、元基因组与代谢组，以及功能基因组等新型“组学”相关的研究和开发体系与技术平台；发现适应特殊环境的基因，并加以改造利用。

具体的工作可能包括以下几方面。

（1）早期生命（孑遗生命）的发现：在深海、地球深部以及极地冰盖、火山热泉等环境寻找生命或生命相关物质；通过对包括月球、火星等星球上取得的岩石和尘埃样品的监测，利用各种航天飞行器探索，寻找外太空可能存在的生命现象。

（2）生命与环境的关系：生物对环境的适应在很多情况下是一个复杂群体的共进化结果。因此，研究特殊环境（包括极端环境）中生物的生存机制，影响多物种进化的可能机制，以及生物链、生物间相互作用及其共同进化机制，具有重要的意义。利用环境基因组技术和代谢组等新型“组学”技术，建立相关的研究和开发体系，研究生物适应环境的自身生物学改变，以及环境中复杂生物群体的相互作用。为改造外星球以适于生命居住提供技术基础。

（3）特有基因资源的研究和应用：研究一些特殊环境中生物特有基因序列和生物学功能相关的进化规律，是生物进化基础研究的一个重要方面，还可在生物技术的发展中获得广泛的应用。例如嗜热微生物耐热酶的应用；利用、改造耐盐碱、耐旱生物，达到对沙漠、盐碱地的改造；高效发酵生物对生物能源的利用等。

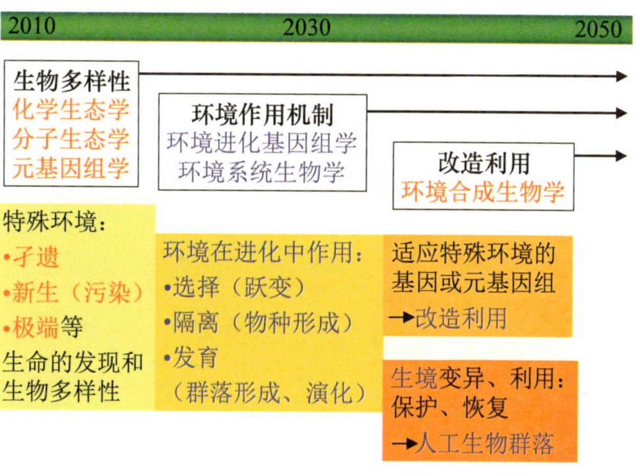

图4.8　生命进化过程中环境因素及作用机制

4）生命进化过程中若干重要节点的研究

生命进化过程中有若干意义重大的萌发(起源)和繁盛(辐射)事件，例如光合作用形成特别是从厌氧光合到放氧光合，使地球环境从厌氧进入有氧状态；与之相适应，生物代谢也从厌氧走向好氧，生物体也随之建立了适应有氧环境的酶系统，甚至在植物中进化出了适应各种光照条件的不同的光合系统(C_3到C_4)。又如，生物物种大爆发、从水生到陆生、动物对称性发育的进化等。通过研究生命进化过程中这些重要节点，对于认识进化的“爆发”阶段及其对物种多样性贡献的机制是必不可少的。当然，为此必需发展环境分子生态学、元基因组学与进化发育生物学和分子古生物学等一系列研究平台和技术平台。

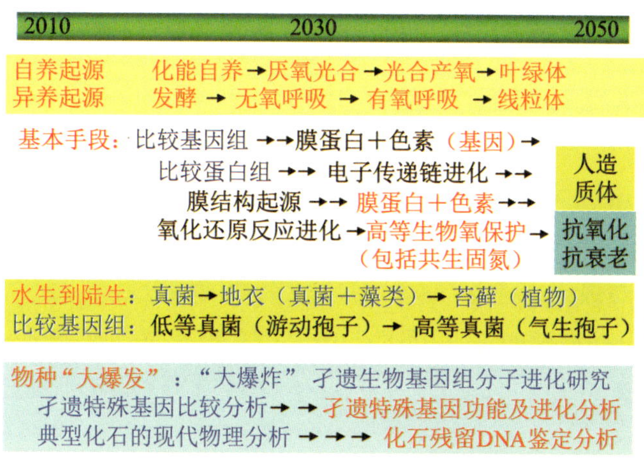

图4.9　生命进化过程中若干重要节点

具体的工作可能包括以下几方面。

(1)生物从厌氧光合/代谢、光合产氧到有氧呼吸：地球生物圈从原始还原的无氧环境到有氧环境，主要是由于微生物从厌氧到产氧的光合作用的进化；水的光解为光能固定提供了最丰富、最便捷的电子供体；而大量氧分子在紫外线作用下形成的臭氧层，则保护了生命从水生向陆生的转移。与此同时，微生物的代谢也从绝对厌氧进化为耐氧(具有化解氧自由基的酶系)以致需氧；氧化磷酸化成为最高效的异养能量利用过程。这是生物进化过程中两个革命性的飞跃。因此，通过研究一些尚遗留转型阶段特征的中间体微生物，了解生物如何从不产氧到产氧，从厌氧到耐氧、需氧，探索生物光合作用和能量代谢的进化过程和机制。

(2)生物从水生到陆生：从水生到陆生是生物演化过程中一次重要的飞跃，植物、动物都经历了从水生向陆生的转变。而利用在微生物、植物演化过程中具有重要意义的类群(例如真菌、地衣、苔藓等)，通过比较基因组的研究，揭示早期生命由水生到陆生的转变过程中的遗传变异及其与环境变异的相互作用(Box 9)。

Box 9：植物从水生到陆生

陆地植物最古老的化石证据大约是4.7亿年。其他有关基因或“分子钟”的研究认为陆生植物大约出现在6亿年前，即寒武纪时期。

美国宾夕法尼亚州立大学的研究人员对真菌、藻类以及导管植物(vascular plants)蛋白质序列进行研究，分析计算出各类群植物分化的时间。该研究估计植物在陆地上大量出现的时间大约始于7亿年以前(真菌可能帮助绿色植物从水生到陆地的转移，通过帮助植物吸收营养为其提供了一个竞争的有利条件。)如果植物是在7亿年前出现在陆地上的，那么真菌引起的风化作用和由于掩埋陆地植物所引起的碳隔离，可能明显地影响了全球气候和寒武纪时期的动物进化。

来源：Heckman et al., 2001.

(3)动物的演化规律(生物大爆发)：古生物资源为生命的起源和演化研究提供了直接的证据。例如我国贵州前寒武纪瓮安生物群、云南寒武纪澄江生物群、辽西中生代晚期恐龙、鸟类、真兽类等的发现，为早期无脊椎动物、脊椎动物、鸟类的演化揭示了新的珍贵资料。因此，利用这些丰富的古生物学研究证据和知识，通过生物起源、进化过程中某些关键节点上的动物的基因组的研究，探讨动物起源和演化的机制。

多少年来，人类一直在不懈地探索生命的奥秘，梦想解决生命起源和生物进化这两个重大的科学问题。科学家们取得了不少令人瞩目的成果，也获得了一些重大发现。但这是一项非常艰巨的任务，人们面临的挑战是要将发生在数十亿年前到当前数月数天的事情一件件串起来，要将由成千上亿个个体的变异和它们群体的演化关联起来；而其中留给人们的线索并不多。虽然，合成生物学的出现，打开了研究从非生命的化学物质向人造生命转化的大门，开创了把生命看作一个复杂的动态系统、从整体论的角度进行解读的崭新途径；但是，它还是不可能取代传统的分析研究手段，它更是建立在全面认识基因组，深入各层次研究的系统生物学的理论和技术基础之上的。当人们进入新世纪的崭新时代时，生物学家可以向人类社会报告的是：当我们在20世纪实现了对人类和生物基因组解读的革命后，我们探索生命起源和进化(演化)，探索生命规律的研究思路也出现了革命。这两个革命的综合，必然导致生命科学和生物技术的重大突破，对人口健康、生物经济和资源环保等领域前沿产生革命性的影响。

4.5 附录：部分国家有关生命起源、进化和合成生物学的研发情况

人类基因组计划的开展、实施和顺利完成，标志着生命科学开始由以自由探索为特点的“小科学”时代逐步进入了以学科交

叉为特点，以国家战略需求与国际科学前沿为目标的"大科学"时代，且"大科学"与"小科学"结合、互补，同时并存。科学研究中所谓的"小科学"通常指"以科学假设为驱动力"，以个别科学家及其领导的小组研究为主体的"自由探索"，而"大科学"是指"以科学问题为驱动力"，发挥多学科交叉、优势互补、组织团队、联合攻关去完成某一项科学计划或科学工程。以下介绍一些国家有关生命起源、进化(演化)及合成生物研究的计划规划、研究机构和产业发展。

4.5.1 计划、项目

由于生命起源与进化(演化)问题的重要意义，以及合成生物学的巨大应用前景，发达国家都十分重视生命起源与进化(演化)以及人造生命——合成生物学的研究，世界各国纷纷出台各种研究计划。下面对部分国家有关生命起源与进化(演化)、合成生物学的计划、项目进行介绍。

1) 美国航空航天局太空生物学研究路线图

美国航空航天局(NASA)早在2003年就制定了太空生物学路线图，提出了三个根本的问题：生命如何开始、如何演变？生命是否存在于宇宙的其他地方？未来地球和地球以外的生命是什么样的？路线图还提出七个科学目标(David，2003)。2008年，NASA又对其太空生物学路线图进行了修订和更新，更加明确了他们探索生命奥秘的具体目标：

目标1：理解宇宙中适于人类居住的环境的类型和分布，寻找太阳系之外潜在的适合人类居住的行星，描述观察到的行星的特征。

目标2：测定太阳系内所有过去和目前适合人类居住的环境在生命起源以前的化学和生命迹象。描述任何具有液态水、化学成分和能源物质的行星的历史，这样的行星上可能存在生命系统。通过探测地壳原料和分析行星大气来确定该行星在过去和目前有无生命存在。

目标3：理解生命怎样从宇宙和行星中最初出现，通过观察、试验和理论研究来认识生命起源过程中基本的物理和化学原理。

目标4：理解地球及其周边行星的环境怎样通过地质时代共同进化。通过融合地球科学和生物科学证据，研究地球和地球上的生命之间的演化关系，即生命怎样响应环境的变化而进化，并且反过来影响环境。

目标5：理解进化机制和生命的环境限度。了解控制和限制进化、代谢多样性和生命对环境适应性的分子、遗传和生物化学机制。

目标6：理解影响地球和地球之外生命的未来的原则。阐明微生物生态系统改变的驱动力和作用，这是在从几十年到上百万年范围的时间尺度上预测未来改变的基础，探测地球之外的环境中潜在的微生物生命。

目标7：确定识别其他星球和早期地球生命迹象的方法，识别地球和地球以外的同一时代的远古标本上的生命迹象可以揭示过去和目前的生命状况。通过落到地球上的标本，了解该标本所在行星的大气和表层情况以及研究该行星所拥有的科学技术。

2）日本“地心探索计划”

“综合大洋钻探计划”（2003—2013年）是由日本海洋科学技术中心在2000年提出。当时，恰逢美国主持的“大洋钻探计划”即将完成。出于对地球深部研究工作重要性的认识，以及对大洋勘探与研究深入发展的需要，这项计划立即得到美国的支持与合作，并于2003年10月1日开始启动。该计划是多国综合钻探海洋整体计划的一部分，整体计划由美国和日本牵头，中国以及12个欧盟国家携手参与。计划以“地球系统科学”思想为指导，计划打穿大洋，直捣地幔，揭示地震机理，查明深部生物圈和天然气水合物，理解极端气候和快速气候变化的过程，为国际学术界构筑起新世纪地球科学研究的平台。同时为深海新资源勘探开发、环境预测和防震减灾等实际目标服务。

人类已经成功取回月球岩石用以研究宇宙，但是却从来没有到达过地幔。根据计划，日本科学家将搜集地球地幔的样本，寻找生命起源的证据。由日本政府支持的“地球内部探索中心”主持了此次“入地”计划。这次地心勘测的目的之一就是在海洋地壳和上地幔处寻找细菌，与在火星寻找生命一样意义巨大。

3）中国科技部“973”项目——重大地史时期生物的起源、辐射、灭绝和复苏

中国科技部“973”项目——“重大地史时期生物的起源、辐射、灭绝和复苏”，以生物演化为主线，结合环境演变，探讨若干重要类群生物的起源，生物大规模的适应辐射、灭绝、复苏与环境变迁的关系，并进行纵向分析对比，以探索生物和环境协同演化的基本规律。希望为人类认识生物多样性的实质和面临的环境危机，预测将来的环境变化提供宏观、长期、大尺度的地史提供借鉴。

该项目于2000年4月立项，依托部门为国家自然科学基金委员会和中国科学院，依托单位为中国科学院南京地质古生物所，首席科学家是戎嘉余院士。主要承担单位为中国科学院南京地质古生物研究所和古脊椎动物与古人类研究所，参加单位主要有中国地质大学(武汉)、北京大学、南京大学、西北大学、中国地质大学(北京)、中国科学院地质研究所和国土资源部地质研究所等，是中国地质古生物学界一次多学科的大协作。

4）美国能源部GTL计划

人类基因组测序项目完成后，2002年7月美国能源部(DOE)，推出了为期5年、资助强度达1亿美元的后基因组计划“从基因组到生命”(Genome To Life，GTL)。这是美国科学家在人类基因组计划成功的基础上制定的又一重大研究计划。

2005年10月3日，DOE又公布了GTL计划路线图。GTL路线图以原有的GTL研究计划为基础，并将之扩展，至今已经有800多名科学家和技术专家参与该计划。

GTL计划的核心目标就是在未来的10—20年时间里，了解几千种微生物的基因组及微生物系统是如何调控生命活动的，为使用生物手段解决环境问题铺平道路。GTL路线图将扩大基因组项目的投入，帮助国家解决能源和环境难题。具体目标包括：

(1)鉴别“分子机器”，这些分子机器主要是蛋白质的复合物，并且执行生命系统的基本功能；

(2)弄清控制“分子机器”行为的基因调控网络；

(3)认识自然环境中的微生物群体；

(4)发展建立和实现生物系统模型所需的计算机技术。

GTL计划，跨越分子、细胞、组织器官、系统到生命，是真正体现生命科学从分析到综合、从还原论到整体研究变革的研究计划。系统生物学在分子、细胞、组织、器官和生物体整体水平上研究结构和功能各异的各种分子及其相互作用，并在基因组序列的基础上完成由生命密码到生命全过程的研究，从对生物体内各种分子的鉴别及其相互作用的研究，到对生物途径、分子网络、功能模块的研究，最终完成整个生命活动的路线图。GTL路线图的推出，则将这些具体计划应用到解决能源、环境等问题，是将生物技术应用于解决人类所面临的资源、能源和环境等瓶颈问题的范例。

5)欧盟“合成生物学”计划

2005 年，欧盟在第6个研究框架规划中发表了《合成生物学——将工程应用于生物学》的报告。该报告提供了合成生物学清晰的定义及范围；展望了合成生物学未来10—15 年在生物医药、小分子药物的体内合成、生命化学的拓展、可持续的化学工业、环境与能源、智能材料及生物材料等方面的前景，分析了合成生物学的回报及存在的风险，提出了欧盟在研究、支撑条件和教育等方面应该采取的行动。

2007年欧盟启动了“合成生物学”涉及上述报告中各个方面的18个项目。表4.1是项目名称、所需经费和欧盟的资助力度。

表4.1 欧盟“合成生物学”项目名称及经费

项目名称	所需经费/欧元	资助力度/欧元
BIOMODULAR H2：能产生新的生物技术的能源项目	2 482 622	1 998 495
与计算机配套的生物有机体的生物纳米开关	2 680 380.72	1 992 609.80
CELLCOMPUT：在体内制造生物计算机 COBIO：解决疑难疾病的方法	1 716 480 2 582 710	1 716 480 2 064 275
EMERGENCE：协调合成生物学发展的各种关系	1 520 234	1 500 000
EUROBIOSYN：生产糖类的最佳方法	2 742 200	1 260 300
FuSyMEM：模仿天然细胞膜合成实用的人造膜	1 400 000	1 400 000
HIBLIB：又快又简单地生产单克隆抗体	3 585 820	1 999 525
NANOMOT：根据人类的要求改造天然的纳米发动机	2 400 660	2 250 000
NEONUCLEI：合成细胞核类似物	2 464 667	1 949 000
NETSENSOR：为检测和防御癌症，联合基因研究	1 989 840	1 320 320
ORTHOSOME：人造核酸，调控微生物遗传工程	1 587 901	982 829
PROBACTYS：设计细菌催化剂的过程	2 541 200	1 900 000
SYNBIOCOMM：打破未来的学科界限	264 600	264 600
SYNBIOLOGY：欧洲对合成生物学的观点	226 200	226 200
SYNBIOSAFE：合成生物的安全和伦理	245 153	236 002
SYNTHCELLS：最简化的生命，揭示生命的本质	1 804 678	1 420 739
TESSY：欧洲合成生物学的基础建设	232 208	232 208

4.5.2 合成生物学研究中心

1）美国合成生物学工程研究中心

2006年，美国国家自然科学基金（NSF）投入2000 万美元资助建立了“合成生物学工程研究中心”(Synthetic Biology Engineering Research Center, SynBERC)，由加州大学伯克利分校、哈佛大学、麻省理工学院、加州大学旧金山分校等共同组建。

SynBERC的目标是为构建生物部件，并组装成可完成一些特定任务的综合系统而发展基础知识和开发技术；培训一批擅长合成生物学的工程师；对公众进行有关合成生物学的利益和潜在风险的教育。

SynBERC汇聚了众多合成生物学的开拓者（包括世界级研究所的生物科学家和工程师），在以下几个方面产生了广泛影响。

（1）产业：在SynBERC的推动下，通过加强与合成生物学相关产业的合作，促进生物技术、高技术、制药和化学产业，以及DNA合成企业的变革。

（2）教育和培训：SynBERC通过对一些新的合成生物学家和生物学工程师进行培训，使他们有能力设计生物部件和生物系统。SynBERC的教育项目还为公众提供合成生物学的相关信息，为公共政策专家提供深入分析的产品，在高等教育中为学生提供机会。

（3）社会环境下的合成生物学：SynERC的独特作用还在于能在可实践的框架内对合成生物学进行考查，重点强调经济、政治和文化如何为合成生物学的发展创造条件，合成生物学如何通过为世界创造新产品，来改善人类的安全、健康和福利。

2)英国合成生物学与创新研究中心

2008年12月22日，在英国工程与物理科学研究委员会(Engineering and Physical Sciences Research Council, EPSRC)提供的800万英镑资金的资助下，帝国理工学院(Imperial College London)和伦敦政治经济学院(London School of Economics and Political Science, LSE)共同建立了英国合成生物学与创新研究中心(Centre for Synthetic Biology and Innovation)。在该中心，工程人员将与分子生物学家们合作，通过DNA修饰操作，生产生物学部件。这些生物学部件将用于建立生物学装置，用于疾病的早期诊断或抵抗有害细菌感染。

人们对活细胞工作原理的了解还没有达到对电子设备工作原理所了解的程度，未来20—50年内，合成生物学领域的技术研究将会达到与电子学同样的精准程度。该中心的目标是早日找到建立生物学机器所需的全部部件。因此，中心将会在全球范围内招募人才、开展合作研究、开发并转让知识产权，最终还将建立子公司，在国内新产业的催生过程中发挥重要作用。

首先，该中心的研究人员将会致力于发展创造这些生物学部件的标准系统和参数。这部分工作将包括修饰DNA，然后将其插入细胞，并记录细胞的反应。研究成果将会用于组装各种用途的生物学装置。

长期的应用研究之一是生物学微处理器的研发。帝国理工学院的研究人员已经研发出了一些重要的组件，可用于生物学微处理器的制造，例如用于校准时间的振荡器。科学家正在研究微处理器中的逻辑电路，用细菌制成了称为“与”门的电路。另一项应用研究是发展能够检测有害细菌的传感器。这些特别设计的传感器能够识别出有害细菌感染其他物体表面时释放的小分子，应用于食品和医疗工业。

4.5.3 合成生物学的相关企业和专利

由于看到了“合成产业(syndustry)”的广阔前景，不少前瞻性的企业已经投入到合成生物学方面的研发，并申请了许多相关专利。下面仅例举一些著名企业开展的合成生物学业务以及合成生物学的部分专利（表4.2、表4.3）。

表4.2　一些著名企业开展的合成生物学业务

企业	国家	合成生物学业务	合成生物学家
Ambrx	美国	利用人造氨基酸开发生物药	与Scripps研究所Peter Schultz合作
Amyris Bio-technologies	美国	发展合成微生物，用于生产药物、精细化学品、营养品、维生素、调味品和生物燃料	由加州大学伯克利分校的Jay Keasling创立
Egea Biosci-ences	美国	强生所有，开发用于强生医学免疫子公司Centocor的新基因、蛋白和生物材料。有许多基因组合成专利	由Glen Evans（之前为人类基因组计划中的研究者）创立
Codon Devices	美国	称其为生物工厂（“Bio Fab”），可设计和制造用于医学、生物燃料、农业、材料和其他应用领域的工程化遗传装置	创办人包括麻省理工学院Drew Endy、哈佛大学George Church、加州大学伯克利分校Jay Keasling、普林斯顿大学Ron Weiss等
Diversa	美国	通过添加新的密码子，以“优化”从天然微生物中提取的酶，从而将其应用于工业过程	Eric Mather
DuPont	美国	DuPont与Genencor、BP、Diversa等合作开发产纤维(Sorona)和生物燃料的微生物	John Pierce
EngeneOS	美国	设计和制造由天然/人工构成元件组成的可编程生物分子装置	创造人包括哈佛George Church和麻省理工学院Joseph Jacobson
EraGen Bio-sciences	美国	开发基于遗传密码扩增的遗传检测技术	由Steven A. Benner创立
Firebird Biomolecular Sciences	美国	提供用于合成生物学的核苷酸、库、多聚物和软件	由Steven A. Benner创立
Genencor	美国	开发和销售生物催化剂和其他生物化学品，开展途径工程业务	Danisco所有
Genomatica	美国	开发用于合成生物学的基因网络模型软件	
LS9	美国	开发用于生产生物燃料和其他能源物质的微生物工厂	哈佛大学的George Church等创立

续表

企业	国家	合成生物学业务	合成生物学家
Mascoma	美国	开发用于转化纤维素乙醇的自由微生物	由达特茅斯学院的Lee R. Lynd创立
Protolife	意大利	开发人工细胞和合成生物系统	由Norman Packard创立
Sangamo Biosciences	美国	生产用于基因调控的工程化锌指蛋白	
Synthetic Genomics	美国	开发用于能源等的最简单基因组和人工生命	由Craig Venter和Hamilton Smith创立

表4.3 部分合成生物学相关专利

发明人	专利号/申请号	公开日	专利内容
Harry Rappaport	US 5126439	1992年6月30日	人造DNA碱基对类似物
Steven Benner	US 5432272	1995年7月11日	含杂环碱基的核苷酸整合至DNA或RNA
Glen Evans	US 6521427	2003年2月18日	基因和基因组的全化学合成方法
Jay Keasling, et al.	US20030148479A1	2003年8月7日	异戊烯基焦磷酸的生物合成
Steven Benner	US 6617106	2003年9月9日	用于制备含非标准核苷酸的寡核苷酸
Jay Keasling, et al.	US20040005678A1	2004年1月8日	紫穗槐-4 ,11-二烯的生物合成
Steven Benner	US20050038609A1	2005年2月17日	基于进化的功能基因组学
Keith K. Reiling, et al.	WO05033287A3	2005年4月14日	鉴定生物合成途径的基因产物的方法
Robert D. Fleischmann, J. Craig Venter, et al.	US20050131222A1	2005年6月16日	*haemophilus influenzae Rd* 基因组的核酸序列、片断及其应用
Frederick Blattner, et al.	US 6989265	2006年1月24日	含至少比原始基因组小5%的基因组的新细菌，用于一系列化学品的生产

续表

发明人	专利号/申请号	公开日	专利内容
James Kirby, et al.	WO06014837A1	2006年2月9日	转基因宿主细胞及其在异戊二烯化合物生产中的应用
Jay Keasling, et al.	US20060079476A1	2006年4月13日	提高异戊二烯化合物生产的方法
Eric T. Kool	US 7033753	2006年4月25日	非酶的寡核苷酸结合及基因多态性检测的方法
Noubar Afeyan, et al.	WO06044956A1	2006年4月27日	多核苷酸的高保真合成方法
George Church, Jingdong Tian	US20060127920A1	2006年6月15日	多核苷酸合成
George Church, Brian Baynes	WO06076679A1	2006年6月20日	蛋白设计方法
Nigel Dunn-Coleman, et al.	US 7074608	2006年7月11日	利用含辅酶B12合成基因的重组大肠杆菌株生产1,3-丙二醇
Ho Cho, et al.	WO06091231A2	2006年8月31日	利用非天然编码的氨基酸生物合成多肽

第 5 章

脑与认知科学及其计算建模

5.1 引言

探索智能的本质，了解脑结构及其认知功能，不但是脑与认知科学领域中的基本问题，也是过去、现在以及将来最具挑战性的科学命题之一。现代生物学、信息科学与相关科学技术的发展，为脑与认知科学研究提供了新的方法与工具。在分子及细胞水平对大脑活动进行分析，通过行为研究对相关基因功能加以验证，在不同层次上系统了解脑结构与智能的关系，将有助于脑与认知学科更快发展。同时，脑与认知科学的发展也推动了信息科学、医学生物学以及教育等相关领域的发展，如机器人环境感知、计算机视觉、图像识别与理解、语音识别与合成、自然语言理解与机器翻译等。

脑认知科学是心理科学、信息科学、神经科学、科学语言学、比较人类学以及其他基础科学相互交叉所形成的。学科领域包括知觉、注意、记忆、行为、语言、推理、抉择、思考、意识、情感动机及其生物学基础。脑与认知科学也涉及神经精神疾病的发病机制与防治，以及机器智能等方面的研究与应用。随着脑与认知科学的发展，新的学科分支也在形成，如分子认知科学以及社会认知科学等。

分子认知科学

认知科学与遗传学、细胞生物学以及分子神经生物学等学科相互渗透产生的“分子认知科学”已经成为一门新兴的学科，即“分子－行为－认知”的综合研究学科。该领域的发展将有利于智能及其规律的深入研究，推动脑与认知科学的发展和相关关键问题的突破，同时也对防治脑疾病，提高人口健康水平以及国民素质等具有重要的意义。

5.2 发展目标

短期目标(2010—2020年)：探索脑与认知科学领域中的重要理论问题和关键技术，为进一步的发展积累条件。阐明知觉信息的表达，包括视觉、听觉信息的处理等；记忆信息的存储和提取机制，包括语言记忆、情景记忆、记忆机制及模型等；阐释意识的生物学基础，建立意识模型，意识机器的工作原理；认知功能障碍发生机制，初步确定主要致病因素，建立老年痴呆早期诊断方法以及有效的干预方法；阐明自我调节、归因理论等在社会认知领域中的重要科学问题。

中期目标(2020—2035年)：阐明特征捆绑机制，给出知觉物体的科学定义；人类记忆中枢的定位，海马等人类相关学习记忆中枢的工作原理，设计并制作出拟人类的工作记忆机器；人类意识的神经基础及其生物学机制，意识联合等；随着脑与认知科学领域中的一些重大理论的解决，使其在实际中得以应用。老年痴呆的早期诊断与有效的系统干预(包括治疗药物等)，某些神经精神疾病病理机制的阐明及其防治方法；阐释内隐社会认知、灾害心理等重要的社会认知问题。

长期目标(2035—2050年)：在认知理论发展的基础上，设计并制造出拟人机器接口(听、说、读、写等)；拟人学习记忆的意识机器，即实现机器的自我意识，通过机器的自我意识，由其自身实现知识和智能的更新提高等，为智能机器的社会性研究与建立打下基础；阐明人脑衰老的生物学机制，在一定程度上实现对脑老化发展进程的人为调控。最终实现自主理论与实际应用的结合，设计并制造出人类社会认可的高智能产品，使惠及全国乃至全人类。

5.3 战略任务

2005年7月，美国*Science*期刊提出了125个关于21世纪科学领域的“天问”，在25个重大问题中包含了：意识的生物学基础是什么？记忆是如何存入又怎样被提取的？皮肤细胞如何能变成神经细胞？协同行为是怎样进化的？通常计算机的极限在哪里？在100个关键问题有：语言学习为何有关键期？什么导致了精神分裂症？我们在多大程度上可以攻克老年性痴呆症？成瘾的生物学基础是什么？将硬件植入人脑合乎伦理吗？机器学习的极限是什么？这些问题都涉及到了脑与认知科学领域，而每一个问题的探索与解决都需要多学科的交叉。

面对信息爆炸时代所带来的通信、计算、控制、识别、推理、判断和决策等重大理论和现实问题；面对单纯靠提高现有计算机的计算速度已没有太多发展空间的现实；面对缺少新的计算模型以及社会对信息技术的期求越来越高的双重压力，研制具有更高智能的机器和信息处理系统成为现在和未来的必然任务。随着认知机理的智能化信息处理方法的发展，必将对相关科学和技术领域产生重大影响。人脑的结构及其认知功能是长期进化的结果，对信息的处理、加工和利用的能力远远超过现有的任何计算机和信息处理系统。因此，人脑智能信息处理的研究在理论与方法上的突破，必将带动未来信息科学与技术上的革命性发展。

根据世界卫生组织（WHO）的调查，心理障碍（包括自杀）是全球仅次于心脏病的第二大疾病，排名在癌症、呼吸系统疾病和感染性疾病之前。流行病学调查显示，神经和精神疾病的治疗约占医疗总费用的20%，居各种疾病的首位。我国已步入老龄化社会，在65岁以上人口中，老年痴呆患者占5%，总数在1000万以上。神经退行性疾病给个人、家庭、社会造成了沉重精神和经济负担。认知功能障碍已经成为相关领域的重大疾患。心理健康问题也日益突显。经济快速发展，社会竞争加剧，对人类个体认知、情感、意志、个性的形成和发展等具有重要影响，可能导致情绪应激和心境障碍等疾患。这些问题均与人的精神、脑功能和认知障碍有关，且已成为社会问题和我国持续发展的可能障碍。因此，深入开展人类认知神经机制以及认知功能障碍的发病机理，不但可以推动脑与认知科学自身的发展，解决认知功能障碍的防治问题，同时对我国人口的精神健康和社会发展都具有重大的意义。

因此，采用脑科学、认知科学、人工智能、神经科学、心理学、分子生物学、数理科学、计算机科学、信息科学等多学科交叉的技术方法，以揭示知觉信息处理、记忆、意识、社会认知等脑高级功能的神经基础为突破口，探索脑和智能的关系，描绘出人类大脑学习、记忆和情感等重要认知行为的神经网络图谱，解决认知科学领域若干关键前沿问题，为认知功能障碍疾病以及社会心理问题的防治提供理论依据。发展认知脑成像和人工智能的新技术，为建立智能系统的计算理论寻找新的思路。为实现智能革命长期战略目标打下坚实的基础。

1) 知觉信息的表达与处理

知觉信息的表达、整体性知觉的组织与整合属于知觉研究的基本问题，是研究其他各个层次认知的基础。在知觉的局部性质和大范围性质的关系问题上形成特色，建立起新的知觉理论。通过脑科学、信息科学的交叉实现计算建模，其中利用模式动物以及人为实验对象，可能实现的突破为以下几方面：视觉信息的表达及视觉系统的脑功能区成像；知觉理论的建立；感知学习的模式等。在计算理论层次、脑的知识表达层次和计算机实现层次上，把认知神经科学实验研究和计算机知觉研究结合起来，提出崭新的理论和解决的方法。

2) 认知和行为的神经基础

通过分子、细胞、神经生物学与认知科学的交叉揭示认知功能的生物学基础，认知科学与信息科学的交叉计算建模，解决更高层次的认知心理问题。该领域包括认知和行为的遗传学基础和分子细胞基础。人类的认知与行为都是脑功能的具体体现，是神经系统协调活动的表现。认知与行为依赖于神经系统，特别是人类的脑。因此，阐释认知过程中的分子、细胞以及神经回路等工作机制，即宏观和微观的结合，对于认识认知和行为的本质是一个不可忽略和替代的环节。

3) 记忆的脑机制

记忆就是对过去的经验或是经历，在脑内产生准确的内部表征，并且能够正确、高效地提取和利用它们。记忆涉及信息的获得、储存和提取等多个过程，这也就决定了记忆需要不同的脑区协同作用。在最初的记忆形成阶段，需要脑整合多个分散的特征或组合多个知识组块以形成统一的表征。从空间上讲，不同特征的记忆可能储存于不同的脑区和神经元群；而在时间上，记忆的储存又分为短时程、中时程和长时程记忆。提取时需要进行聚焦、监视和验证，以高效选取有关的信息，抑制无关的信息。记忆过程的控制和相关的神经机理，开始成为热点科学问题。深入研究记忆的神经生理学机制，可以提高人对自身智能活动的认识，同时也会为有效智能信息处理系统的建立提供理论基础或借鉴。此外，轴突的可塑性在学习记忆中的作用，也是现在和未来认知神经科学的研究和发展的重点。

4) 人脑神经网络的工作机理

大脑是一个由神经元构成的网络，神经元与神经元之间的相互联系依赖于突触，这些彼此联系的神经元通过构成一定的神经环路来发挥大脑的功能。这些相互作用在神经环路功能的稳态平衡、复杂性以及信息加工处理中发挥着关键作用。与此同时，神经元膜上的受体和离子通道对于控制神经元的兴奋性、调节突触功能以及神经元内各种递质和离子的动态平衡至关重要。认识大脑的神经网络结构及其形成复杂认知功能的机制是认识、开发和利用脑的基础。需要重视的问题是：神经网络是如何形成的？中枢神经系统是如何构建的？在神经网络形成的过程中，神经干细胞的分化、神经元的迁移、突触的可塑性、神经元活动与神经递质和离子通道、神经回路形成以及信息的整合等，这些问题的研究将对神经网络的计算与研究提供有力的神经学基础。

5) 意识的脑机制

意识是生物体对外部世界和自身心理、生理活动等客观事物的知觉。意识是心理学研究的核心问题，意识的脑机制是各种层次的脑科学的共同研究对象。人类进行意识活动的器官主要是脑。为了揭示意识的科学规律，建构意识的脑模型，不仅需要研究有意识的认知过程，而且需要研究无意识的认知过程，即脑的自动信息加工过程，以及两种过程在脑内的相互转化过程。同时，自我意识与情境意识也是需要重视的问题。自我意识（self-consciousness）是个体对自己存在的觉察，是自我知觉的组织系统和个人看待自身的方式，包括自我认知、自我体验、自我控制三种心理成分。情境意识(situation awareness)是个体对不断变化的外部环境的内部表征。在复杂动态变化的社会信息环境中，情境意识是影响人们决策和绩效的关键因素。意识的认识原理，意识的神经生物学基础以及意识与无意识的信息加工等是需要着重研究的科学问题。

6) 认知功能障碍

多种神经精神疾病都能引起认知功能障碍，其中神经变性病是一大类严重危害人类健康的脑疑难疾病，以老年性痴呆和帕金森病最为常见，具有高发病率、高患病率和高致残率的特点。研究神经变性病发生的触发因素，相关基因、代谢途径、蛋白质异常修饰和错误折叠的机制，神经系统氧化应激、能量代谢障碍、免疫反应等功能紊乱之间的相互关系。在此基础上，寻找能针对神经元选择性、进行性变性死亡过程的可用于临床诊断的生物标记物以及干预、治疗的靶点。研制出有效的早期诊断靶标、药物和干预措施，最终实现对衰老以及退行性疾病的有效干预和较大程度控制。

7) 机器智能

机器智能是指由人工制造的系统所表现出来的智能，在理解生物智能机理的基础上，对人类大脑的工作原理给出准确和可测试的计算模型，使机器能够执行需要人的智能才能完成的功能。研究脑与认知的计算模型就是建立心智模型，采用信息的观点研究人类全部精神活动，包括感觉、知觉、表象、语言、学习、记忆、思维、情感、意识等，研究人类非理性心理与理性认知融合运作的形式、过程及规律。研究类脑计算机，将机器的高性能与人的高智能有机集成，是当今极其活跃的研究热点。类脑计算机实质上是一种神经计算机，它模拟人脑神经信息处理功能，通过并行分布处理和自组织方式，由大量基本处理单元相互连接而成的系统。通过大脑的结构、动力学、功能和行为的逆向工程，建立脑系统的心智模型，进而在工程上实现类心智的智能机器。智能科学将为类脑计算机的研究提供理论基础和关键技术，建立神经功能柱和集群编码模型、脑系统的心智模型，探索学习记忆、语言认知、不同的脑区协同工作、情感计算、智力进化等机制，实现人脑水平的机器智能。

8) 社会认知

心理和谐是由国内心理学工作者根据我国社会、文化特点提出的概念，具有鲜明的中国特色。与生活质量(quality of life)、幸福感(well-being)等基于西方文化背景所提出的概念相比，心理和谐除了强调个体对自己的主观体验和评价之外，还强调个体对人际以及社会等个体之外的对象的感受和评价，因而其内涵更加丰富，能够更加全面、综合地反映我国国民的社会认知情绪状况。社会认知科学的发展，将可能着重在这些研究领域：语言认知、心理和谐、自我意识与情境意识、信任感与社会诚信、社会认同感、风险认知与经济决策、社会态度与社会预警等。

综上所述，将认知科学、神经科学、信息科学与社会科学等相结合，加强我国在这一交叉学科领域的基础性、原创性研究，解决认知科学和信息科学发展中的重大理论问题，发展"以人为中心的信息技术"，奠定智能信息处理的科学基础，形成具有我国自主知识产权的核心技术和关键产品，推动国民经济和谐快速发展和社会全面进步，提升我国的综合国力和国际地位，均具有特别重要的现实意义和深刻长远的战略意义。

5.4 关键技术

当前，脑与认知科学发展的趋势表现为四个特点。在研究内容上越来越重视认知功能的神经基础，即认知与脑功能之间的关系；在研究层次上越来越重视多层次跨学科整合，如神经科学、心理学、数学、物理学、信息科学等的交叉，甚至出现理科与文科的相互渗透；在研究方法上越来越注重采用无损伤性实验技术，这一点不但表现在宏观上也表现在微观技术领域；脑与认知科学的研究成果越来越多地应用于人类精神健康、信息技术以及社会意识与经济等重要领域。因此，脑与认知科学中的关键技术表现出多样化和多种技术的并用，甚至出现大学科交叉的特点，如"汇聚技术"等。

1) 无损伤性实验技术

自20世纪80年代以来，随着SPECT、PET、MRI/S、EEG、ERP 和 MEG等仪器的出现，尤其是成像技术的发展，使得国内外同行在无创伤条件下，对活脑的研究手段从分子水平、神经单元水平发展到中枢神经系统水平，标志着脑与认知研究领域在技术方面的发展获得了里程碑式的成果。开辟了研究脑和神经系统的系统论方法，并且使得系统论的方法走向实验阶段。脑的形态学成像、生理和心理成像使得本来只能靠推理才能进行的研究工作进入了实验研究的可实施阶段。这也是21世纪脑与认知学科领域的发展趋势。脑功能成像技术与脑电，以及电生理等技术的结合，能够在提高空间分辨率的同时，提高时间分辨率，从而促进脑与认知科学在相关领域的发展。

2) 活体标记技术

对神经系统包括细胞活动的实时检测是近年发展起来的活体标记技术。该技术逐渐成为研究神经递质或蛋白质分子传递与代谢的有力工具。在未来的10—20年，活细胞标记技术将会获得发展和完善，必将为脑功能研究的常规方法，提供更为直接的实验证据。

3) 认知功能障碍、精神疾患的早期诊断

轻度认知功能障碍的早期诊断对于疾病的治疗具有重要的意义，但目前临床尚无可靠的物理和生物化学检验方法。临床诊断依然使用认知量表，在实际应用中，对于早期轻度认知功能障碍的诊断误差较大。因此，该领域急需建立一种能够早期诊断轻度认知功能障碍的物理化学方法，并且这种方法能够用于大人群样本的流行病学调查，从而有利于临床治疗，并促进认知功能障碍的发生发展规律的探索。

4) 宏观行为观察与微观结合的系统性实验技术

将动物或人的行为与相关基因功能相互联系的研究，已经逐渐成为脑与认知科学领域的发展趋势之一。通过宏观观察与微观技术的有机结合，能更有效地展示基因与认知功能之间的关系。从分子、细胞、回路、系统、行为以及计算等不同的层面开展工作，从不同的侧面认识脑认知功能，从而系统、全面，更加准确了解和阐明认知的本质(图5.1)。认知科学与神经科学的结合成为当今的发展趋势，认知科学与更多学科的交叉是未来20年，甚至更长时间的发展方式。

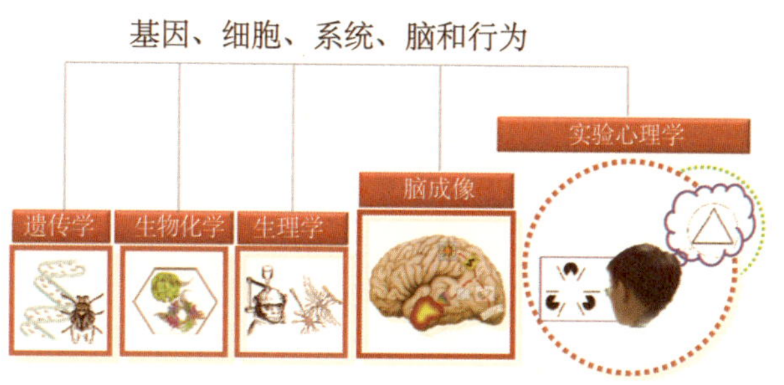

图5.1　脑与认知。从分子、细胞、回路、系统、行为以及计算等不同层面开展研究工作，采用不同动物模型、不同技术与方法综合研究脑认知功能，这是目前和未来脑与认知科学领域的发展趋势之一

5) 认知功能的计算建模和人工智能

通过计算/信息科学技术，建立人类行为的计算模型和有效的人–系统交互作用的认知工程的科学基础，以期达到不同认知功能的机器模拟，建立人类人工智能。

逻辑推理：思维是对外在世界(包括人类自身)的某些方面的认知表达，以及对这些表达和认识的处理。这些信息表达和处理的过程涉及概念和推理，以及问题求解等高级认知过程。思维的研究对理解人类的认知和智力的本质，对人工智能的发展将具有重要科学意义和应用价值。通过研究不同层次的思维模型，研究思维的规律和方法，为新型智能信息处理系统提供原理和模型。

情感计算与理性认知的建模：人工智能的奠基人之一Minsky提出计算机智能与情感的关系：问题并不在于智能机器是否能有情感，而是没有情感的机器怎么能是智能的？因此，让计算机具有情感，也就是让计算机更加智能。情感计算领域的创始人Picard把"情感计算"定义为"与情感有关、由情感引发或者能够影响情感的因素的计算"。情感计算是建立和谐人–机环境的基础之一，其目的是赋予计算机识别、理解、表达和适应人情感的能力，提高人机交互的质量和效率。

未来网络电子/虚拟社会中的人类认知和机器智能：电子/网络/虚拟社会极可能大发展大普及，并在人们的工作和学习中起到更为重要作用。在未来网络电子/虚拟社会中，人类如何协调同智能机器的关系将可能成为每一个人都需要面临的问题。网络世界已经为人类创造了一个虚拟社会，因此，对现实和未来不断发展完善的虚拟社会的认知，需要在研究的技术与方法方面有所突破。

6) 基础研究与临床观察一体化

随着科学技术的发展，基础科学与应用科学的界限越来越模糊。同时，从基础科学的成果到应用科学转化的周期也越来越短。神经科学的一些基础性研究直接在临床上开展，并用于临床医学的例子越来越多，如脑功能成像等。大多数脑功能成像设备放置于医院，在进行基础研究的同时，直接服务于临床需要。使得不断更新的脑成像技术在临床上使用的同时，也不断获得临床用户的需求而进一步得以改进。随着科学技术与社会需求的发展，将有更多的脑与认知科学领域的技术与方法在临床上使用。

7) 会聚技术

2001年12月，由美国国家科学基金会和美国商务部出面，组织政府部门、科研机构、大学以及工业界的专家和学者聚集华盛顿专门研讨《提升人类能力的会聚技术》(*Converging Technologies to Improve Human Performance*)问题。以该会议提交的论文和结论为基础，2002年6月，美国国家科学基金会和美国商务部共同提出了长达468页的《会聚技术报告》（*Roco and Bainbridge*，2002）（以下简称《报告》）。《报告》认为：认知科学、生物学、信息学和纳米科技等是当前迅猛发展的领域，这四个科学及相关技术的有机结合与融合形成了会聚技术（converging technologies），其简化英文的联式为(Nano-Bio-Info-Cogno，NBIC)。认知领域，包括认知科学与认知神经科学；生物领域，包括生物技术、生物医药及遗传工程；信息领域，包括信息技术及先进计算和通讯；纳米领域，包括纳米科学和纳米技术。这些学科各自独特的研究方法与技术的融合，将加速人类对认知科学以及相关学科的推进，最终推动社会的发展（图5.2）。

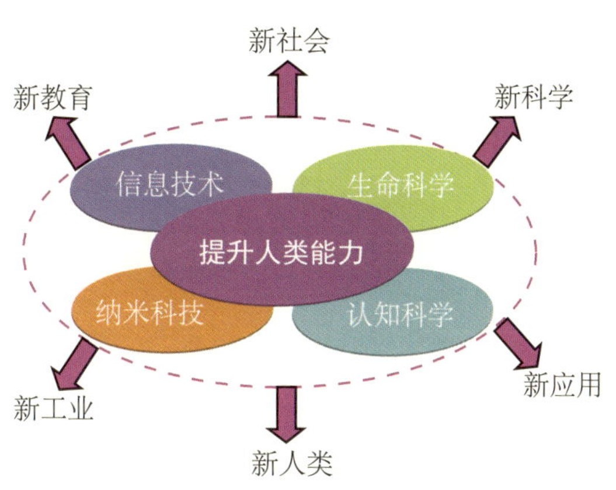

图5.2 NBIC会聚技术战略：纳米科技、生命科学、信息技术、认知科学(Nano-Bio-Info-Cogno，NBIC)的交叉与结合推动人类科学社会的发展

脑与认知科学的发展十分迅速，科学的不可预见性常常告诉我们，准确地预测未来是较为困难的。因此，对脑与认知科学的未来与发展，在目前情况下，开展调查和论证，并设计出发展路线图，可能存在一些偏差。我们将密切关注脑与认知科学的发展，并建立一种机制，能够及时增添新的内容和修正偏差。

脑成像(Brain Imaging或Brain Mapping)

对人或动物的脑形态结构与功能进行观测、成像的技术总称。脑成像技术有不同种类，依据不同的物理学原理，针对不同的生理学结构或过程进行成像。脑成像的主要手段包括：①磁共振成像(MRI)，根据核磁共振原理进行脑结构、血管等成像；特别是，可根据血氧饱和度、血流量等的变化进行功能活动的定位和测量，称为功能磁共振成像(fMRI)；②正电子发射层析照相(PET)，利用示踪同位素观测大脑的功能活动，侧重代谢过程；③脑电(EEG)与脑磁图(MEG)，分别通过在头皮表面观测由神经活动引起的电位、磁场信号的变化，来推算神经活动的位置和过程；④光学成像，依据不同的光学原理进行皮层功能活动的成像。

脑成像手段强调的因素包括无创伤性、时间分辨率和空间分辨率等，目前各种技术在三个方面都各有长短，如fMRI具有高空间分辨率而EEG/MEG具有高时间分辨率。因此除各种成像手段自身的发展与提高外，不同技术的融合也是脑成像发展的重要趋势。目前脑成像技术较成熟的应用领域是认知神经科学基础研究，但是在临床诊断与治疗方面的应用也在迅速发展和趋于实用。

第 6 章

数学的交叉、应用研究与复杂系统探索

6.1 引言

数学是对现实世界数与形简洁、高效、优美的描述，其显著特点是：内部抽象性、外部有效性、推理的严谨性和结论的明确性。数学不仅是一门蓬勃发展、充满活力的学科，而且还是自然科学与高新技术的理论基础。用著名数学家Hilbert的话讲："数学是一切关于自然现象的严格知识之基础。"

数学在人类定量认识世界、描述和发现规律，以及培养高素质创新人才的过程中有不可替代的重要作用。数学科学的发展为科学与技术的发展提供了有力工具。例如，Riemann建立的Riemann几何，为广义相对论提供所需的工具。量子力学的创立也是在von Neumann发表《量子力学的数学基础》后，才得以完成。在生物学、医学范畴中应用了数学的工作，曾数次获得Nobel医学生理学奖。同样地，20世纪50年代以来大部分Nobel经济学奖都授予了与数理经济学和计量经济学有关的工作。数学家von Neumann和Turing在现代意义计算机的发明中起了决定性的作用。华罗庚教授在其撰写的《大哉数学之为用》中精彩地叙述了数学的各种应用：宇宙之大、粒子之微、火箭之速、化工之巧、地球之变、生物之谜、日用之繁等各个方面，无处不有数学的重要贡献。

诺贝尔经济学奖与数学

诺贝尔经济学奖创立伊始就与数学结下了不解之缘。1969年第一次颁奖，由宏观经济计量模型创始人Jan Tinbergen和计量经济学创始人Ragnar Frisch共同获得。获奖者研究领域——计量经济学，是数学、统计技术和经济分析的综合。

在经济学发展过程中，数学发挥着越来越重要的作用，用到越来越多的数学知识，包括数学规划、变分法、控制理论、动态规划、概率论与数理统计、图论、微分方程、对策论、集值测度等等。正如瑞典著名经济学家E. Lundberg在诺贝尔经济学奖首届颁奖仪式上的讲话所说：“在过去40年中，经济科学日益朝着用数学表达经济内容和统计定量的方向发展。正是这条经济研究路线——数理经济学和计量经济学，表明了最近几十年这个学科的发展。”

数学在经济学发展中的重要作用，在诺贝尔经济学奖中得到更好说明。统计显示，截至2008年的62位获奖者，其中有20位获得过数学学位，不乏像L.V. Kantorovich与J.F. Nash这样伟大的数学家。其他诺贝尔经济学奖得主，绝大多数对数学工具的应用都有很高的造诣，如P.A. Samuelson，L.R. Klein，W.F. Sharp，A.M. Spence等。此外，绝大部分获奖的工作涉及数学，且很多获奖工作相当数学化。

电子计算机之父——冯·诺依曼(von Neumann)

冯·诺依曼是20世纪最著名的数学家之一，有人称他是“最后一个伟大的数学家”。他不仅在集合论、泛函分析、算子代数等纯数学领域做出了基本贡献，他还将数学应用于量子力学、经济学、原子弹研制等多个领域，并取得了巨大成功。最为人称道的是，冯·诺依曼由于对电子计算机发明做出的关键贡献而被称为电子计算机之父。

1945年冯·诺依曼在参与第一台电子计算机ENIAC的研制工作中提出了在数字计算机内部的存储器中存放程序的概念，即“程序内存式”计算机的设计思想。在此之前，程序指令存放在机器的外部电路里，需要计算某个题目时，必须首先用人工接通数百条线路，效率非常低下。根据程序内存式设计思想，冯·诺依曼等联名发表了一篇长达101页的设计报告，对电子计算机进行脱胎换骨的改造。他把新机器的方案命名为“离散变量自动电子计算机(EDVAC)”。这一卓越思想为电子计算机的逻辑结构设计奠定了基础，已成为计算机设计的基本原则。

数学的发展动力，不外乎来自三个方面：人类社会发展的需要，自然科学发展的需要与数学内部矛盾运动的必然。它们都推动了数学的发展，而数学的发展又反过来推动社会的发展与科学的进步。数学的这种普适性与重要性越来越得到社会的公认。以美国为例，美国政府非常支持2003年度财政预算中提高数学科学预算的提议，将数学预算从2002年的2.829亿美元增长到2003年的3.262亿美元（即增长了15.3%）。美国国家科学基金会（NSF），国防部（DOD），能源部（DOE）这三个机构为数学科学研究提供主要的资金来源，其他一些机构也在数学研究上有投资。2003年，美国国家科学基金会（NSF）把数学科学作为未来五年重点支持的6个优先领域之一。其中对数学科学优先领域的描述为：数学在科学与社会中的作用已越来越广泛，当今的科学与工程的发现都与数学科学相关联。

众所周知，原始创新是自主创新的核心，基础研究是原始创新的重要源头，而数学与系统科学的特点又决定了它是“基础中的基础”。某种程度上，一个国家的数学与系统科学基础理论的研究水平和对数学与系统科学工具的使用程度在一定意义下制约着该国科学研究整体水平及在国家安全、社会经济和高新技术等国家战略需求方面的自主创新能力。核心数学研究的高水平还有助于造就其他方向的帅才。如早年在中国科学院数学研究所从事基础数学研究的关肇直、吴文俊、冯康等后来转向分别成为国内控制论、数学机械化、计算数学的开创者与奠基人。数学与其他学科的交叉，将极大地推动科学的发展，为我国高新技术的创新发挥重大作用，产生难以估计的社会效益与经济效益。

6.1.1 研究现状与发展趋势

当代数学与系统科学发展的主要趋势表现为：数学各分支学科的进一步融汇、交叉，一些表面上相差较远的分支发现有深刻的联系，显现高度统一性；数学与其他科学与技术领域之间相互渗透；通过计算的使用，数学对工程技术与高技术发展的直接参与。

近半个世纪以来，数学各分支学科的不断相互交叉、融合成为了当今数学发展的主要趋势。不同领域的数学思想与方法相互融合，导致了一系列重大成果并产生众多的学科生长点。作为这种趋势的结果，已经具有数百年历史的Fermat大定理与著名的Poincaré猜想得到了证明。其他一些重要的数学难题和前沿问题，在使用了多学科的工具后，得到彻底解决的可能性大大增加。例如，基础数学中的Langlands纲领，规范场的数学理论和Navier-Stokes方程等千禧数学问题。

费马大定理

存在众多的著名难题而且被众多学者孜孜不断的求解是数学的主要特色之一。著名难题的求解不仅是对智慧的挑战，另一方面，数学家们从对难题的研究过程中引进了新方法、新概念，一些新的数学分支由此诞生。费马大定理的证明是数学难题求解中最著名的例子之一。

在我国古代与古希腊，数学家们就已经知道如何求方程 $x^2+y^2=z^2$ 的整数解。1637年，法国数学家费马猜测方程$X^n+Y^n=Z^n$，当$n>2$时，不存在正整数解。

欧拉、勒让德、高斯、阿贝尔、狄利克雷、柯西等大数学家都试图证明这一猜想，但没有成功。300多年以来，无数优秀学者为证明这个猜想，付出了巨大精力，同时亦产生出不少重要的数学概念及分支，特别是刺激了代数数论的发展。直到358年之后的1995年，这个难题才被美国数学家怀尔斯(A. Wiles)所攻克。

怀尔斯证明费马大定理的过程亦具戏剧性。他用了七年时间，在不为人知的情况下，得出了证明，然后于1993年6月在一个学术会议上宣布了他的证明，并瞬即成为世界头条新闻。但在审稿过程中，发现了一个严重的错误。怀尔斯和泰勒(R. Taylor)用了近一年时间尝试补救，终在1994年9月获得成功。

怀尔斯关于费马大定理的证明涉及多个数学分支并使用了多种数学方法，是典型的通过多学科分支交叉取得突破的例子。

数学发展的另一显著特点是，受自然科学研究与工程应用需求的推动，应用数学蓬勃发展。进入21世纪，面对更加复杂的物理、工程、经济金融与社会问题，人们需要为理解、分析、处理这些复杂系统提供工具。而且，随着所研究系统复杂性的增加，任何单独的实验、数学或计算手段都不能满足研究复杂系统在所需的时间尺度与空间尺度等多方面的性质。美国能源部在其应用数学发展路线图中为解决复杂系统的挑战性问题提出如下应用数学的发展思路。

(1)复杂系统的可预测建模与模拟。发展复杂系统建模与模拟新方法以增强其真实性、可预测性与可处理问题的复杂性。具体包括：多尺度、多介质、多分支现象的建模与计算、复杂随机系统方法、复杂系统的分解与行为分析。

(2)分析复杂系统行为的数学方法。发展新的数学方法以解决我们在分析与理解复杂系统中产生的数学模型的行为是所遇到的挑战。具体包括：复杂数据收集、组织与统计分析，多尺度、多分支模型中的可靠性分析，复杂系统预测与计算中不确定性与数值误差处理。

(3)复杂系统用于政策分析与咨询。发展复杂系统预测、优化、调控、仿真的数学方法并用于政策分析与咨询。具体包括：政策制定中复杂系统的风险分析、优化、控制等问题研究。

不同科技领域的交叉、渗透、融合将是21世纪科学与技术发展的主流，而科学技术发展的历史也证实了在学科的交叉点上往往会产生新的前沿和方向。数学与系统科学的自身特点决定了它为众多学科的发展提供了强大的科学基础支撑。信息科学、生命科学、认知科学、工程技术和经济科学等学科的发展亦显示了与数学、系统科学日益深入的交叉作用和他们对数学与系统科学的依赖作用。实际上，数学的应用已突破传统的范围而向人类一切知识领域、生产领域渗透和交叉，成为一切重大技术发展的基础。例如，相对论、量子论、信息论与控制论的创立、现代计算机的诞生、CT断层扫描技术的发明、经济学基本理论和模型的建立等，成为20世纪数学与物理学、技术科学、医学和经济学等交叉产生辉煌成果的经典例子。最近十年来，数学与系统科学同其他科技领域的交叉和渗透更是达到了前所未有的广度与深度，并孕育着新的重大突破。例如，现代高性能计算机的研制与互联网的发展正在呼唤新的数学方法与工具；生命科学中基因的编码与调控、蛋白质分子结构与功能的探索，迫切需要借助概率统计、微分方程、计算方法、运筹学、拓扑学乃至复杂性科学等数学与系统科学工具；经济与金融中的大量问题，如投资决策、金融避险、资产定价、经济预测、风险管理等，大量需要数学和系统科学方法的支撑和突破；物理学中统一场论目标的实现正在将物理学家和数学家们的兴趣凝聚在一起；材料科学、环境科学与现代工程中广泛需要大规模科学计算；信息安全的基础是密码，而密码设计的基本思路是寻找所谓的数学难题，例如大整数分解、有限域上方程组的求解、函数反解等，从而极大地推进了计算数论、计算代数等学科的发展。

加强开展数学和系统科学与其他自然科学学科、工程技术和社会经济的交叉研究，解决众多学科的基本和关键性的"瓶颈"问题，将为众多学科实现跨越式发展注入强大的活力。因此，加强数学和系统科学的交叉与应用研究，将对我国整体科技创新水平的提高，原创性、突破性和关键性重大成果的产生，促进实现我国科学技术和社会经济的跨越式发展起到不可替代的重要作用。

基础数学、应用数学与数学的应用既有各自的特点又紧密相互联系。重大的数学突破往往具有重要的应用前景。同样，自然科学与工程中重大需求往往会导致新的数学难题或数学分支的出现，这些问题的解决往往又需要各种数学方法的融合与创新。数学这三个方面互相补充，互相渗透，极大地促进了整个数学科学的发展。

6.1.2 面临的挑战

数学自身的发展与高新技术的发展都为数学提出了前所未有的挑战。

欧美等强国或一些新型发展强劲的国家深刻认识到数学的重要性，大幅度提高对数学及交叉领域研究的支持强度，在国际范围内争夺优秀数学人才，以保持或提升他们在科技领域的领先地位或竞争力。

在高技术方面，基因结构与功能研究中产生的海量数据急需高效的数学分析手段。计算机在很多领域的应用如虚拟现实、工业制造、天气预报等都在呼唤新的数学方法。与国家安全密切相关的信息安全、金融避险、武器研制也对数学提出了新的挑战。我们往往要面对以非线性、不确定性、随机性、高维数、多机制、多层次、动态性、强耦合为特征的挑战性工程技术问题，而对问题求解的要求则是：多目标、多功能、优化性、安全性、容错性。这些挑战为数学快速发展提供了前所未有机遇。

中国一方面经济高速发展、已经成为世界制造中心，另一方面一些重要资源非常短缺、严重地依赖于国际市场，而且这一现象将会伴随着中国经济的发展而长期存在。因此，科学地开展相关问题的预测研究意义非常重大。预测科学作为以数学与系统科学理论和方法为主要基础的一门新兴学科正处于快速发展阶段。从国家战略需求来分析，农产品产量预测、战略资源需求与供给预测、宏观经济拐点预测、国际市场需求与价格波动预测等都是关系到中国经济与社会发展的具有挑战性的重大问题。此外，中国的经济和金融安全也是当前中国国民经济发展一个带挑战性的瓶颈问题。金融数学和经济计量模型为解决金融风险管理和宏观经济预警等经济和金融安全重大问题提供了最主要的分析工具与手段。

进入21世纪，国家安全的内涵和外延发生了深刻的变化。国家安全的内涵和外延涵盖了政治、经济军事、公共卫生、生态环境和社会发展等诸多方面。数学与系统科学方法在解决这些方面的重大问题中发挥着基础性的核心作用。例如，在国防安全中，先进控制技术的研究有望从根本上解决现有控制方法的弊端，提高现代武器装备系统的随动速度与精度；统计科学在海军武器试验数据的建模理论与仿真以及核武器储备中的检测、维修策略与可靠性研究方面起着关键作用；而开放复杂巨系统理论和运筹学理论等是现代化数字化战争信息融合的理论基础；对策论和系统动力学等方法已经成为研究突发事件重大公共安全的主要手段等。

科学计算是一门伴随着电子计算机的出现而迅速发展并获得广泛应用的新兴交叉学科，是数学及计算机应用于高科技领域的必不可少的纽带和工具。科学计算与其他学科的理论研究及实验方法一起已成为当今世界科学活动的主要研究手段。当前，高性能科学计算研究面临重大挑战：一方面，高性能科学计算机的研制水平日新月异，但是在当前由微处理器构成的高性能并行机上，采用传统数据结构和并行算法编制的ASCI并行应用软件，一般只能发挥并行机10%以下的浮点峰值性能；另一方面，我国科学计算需要解决的问题越来越复杂、越来越接近实际模型，面临多学科、多成分、多区域、多尺度等诸多难点，对高性能科学计算程序的可靠性和预测能力也提出了更高的要求。因此，研究能够发挥高性能计算机巨大效率的高性能计算方法及其关键实现技术，对我国高性能计算机应用水平实现跨越式发展是一个重要的战略性机遇。

在今天的信息社会中，信息安全由于涉及国家的政治、军事、经济等众多方面而成为一个日益重要的研究领域。密码理论与编码理论是信息安全与可靠性的理论基础，其研究涉及有限域上多项式方程组求解、椭圆曲线、随机算法、典型群等数学分支。将数学的最新研究成果应用于信息安全研究具有重要的理论和现实意义，对提高我国的信息安全能力，具有十分深远的意义。

6.1.3 战略目标和发展战略

战略目标是，在数学与系统科学的主要方向上达到国际一流水平，开创几个在国际上产生重要影响的学术方向，完成若干项达到本领域国际最高奖水平的科学成果。在交叉学科领域，特别是在数学系统科学与生物学、信息科学、工程科学、经济金融的交叉学科研究方面取得若干开创性和奠基性的重大成果。

加强数学和系统科学研究，着重自身前沿、核心问题的基础理论研究及为物理、化学、生物、信息、复杂系统问题等提供理论基础；重点支持解决国家重大需求的数学和系统科学应用研究，包括：复杂系统的建模、分析与控制，多尺度建模与计算的数学理论与算法，复杂系统控制的理论与方法，现代随机分析理论和复杂数据的统计理论与方法，不确定性决策的基础理论，大规模非线性优化理论与方法，复杂系统的高效符号与可信计算方法等。

在面向应用的数学方面，支持在科学与工程中有重要应用的科学计算、概率统计、系统控制、运筹学与管理科学、微分方程与数学物理、计算机数学等学科的前沿问题研究。同时在复杂系统理论、预测科学、金融数学与风险管理、生物信息学、不确定性决策理论与方法、计算材料科学，知识科学等方面开展交叉应用研究。

针对国家战略需求，开展数学在国家安全、工程技术，国民经济，生态环境中的应用研究，为国家的持续发展贡献力量。

为确保实现本路线图提出的目标，必须制定和完善有效的政策与保障措施，有利于原始性创新能力的提高与创新人才的成长。具体建议成立“国家数学与交叉科学中心”，凝聚我国在数学交叉应用方面的优势力量，为我国科技与社会发展中的若干战略性问题提供数学理论与方法支撑，通过前瞻研究，为我国未来新技术的产生提供数学方法的储备。

6.2 数学前沿

在数学学科前沿，继续推进数学自身的发展，同时大力加强交叉学科研究，积极扶植和培育新的学科增长点，通过努力早日使我国成为世界数学与系统科学强国。

在数学的主要学科全面布局、重点突破，包括：数论、代数、几何与拓扑、分析数学、数学物理、运筹与管理、控制科学、复杂性科学、概率统计、科学计算、计算机数学。围绕上述领域中的若干重大核心问题，组织优势精干的力量进行攻关，为推动学科发展做出根本性贡献，提升我国在国际科学界的学术地位。例如，数学结构及其交叉应用的研究，包括代数结构、几何与拓扑结构、分析结构及其交叉应用研究，基础数学中的Langlands纲领，规范场的数学理论和Navier-Stokes方程、BSD猜想等千禧数学问题；应用数学中的多尺度建模的数学理论与算法，复杂系统的建模、分析与控制理论，现代随机分析理论，复杂数据的统计理论与方法，不确定性决策的基础理论，大规模非线性优化理论与方法，方程求解的高效符号与可信算法等。

克雷(Clay)数学研究所的千禧难题

在数学领域，以提出公开难题影响学科的发展是一种常见现象。历史上最著名例子当数希尔伯特1900年在第二届世界数学家大会上提出的23个数学问题。希尔伯特的23个问题深深地影响了20世纪的数学发展。

克雷(Clay)数学研究所是非盈利私营机构，其目的在于促进和传播数学知识。2000年，克雷数学研究所公布了七个千禧难题，承诺首先解答任何一题的第一个人将获得一百万美元奖金。千禧难题是数学发展具有中心意义、数学家们梦寐以求而期待解决的重大难题。可以预计，这些问题将会对数学的发展起到深远影响。七个千禧难题分别是：

- P=NP。通俗讲，P是指可以在计算机上多项式时间内解决的问题，NP是指那些可以在计算机上多项式时间内验证给定正确结果的问题。显然，P属于NP，那么NP是否属于P？这就是著名的“P=NP？”问题。这一问题之所以重要，是因为大多数自然的难解问题都是NP问题。
- Hodge猜想。研究复杂对象形状的一个强有力的方法是将给定对象用维数不断增加的简单几何体黏合在一起来近似表示。Hodge猜想是希望澄清将这一方法用于射影代数簇时所用到的简单几何体之间的关系。
- Poincaré猜想。这是一个拓扑学领域的问题。拓扑学研究物体在连续变形下不变的性质。大约在1900年，庞加莱(H. Poincaré)已经知道，二维球面本质上可由单连通性来刻画，他提出三维球面的对应问题，即Poincaré猜想。这一猜想已经被俄罗斯数学家Perelman解决。

- Riemann假设。德国数学家黎曼(Riemann)观察到素数在自然数中的分布与所谓Zeta函数的性态密切相关。Riemann假设断言，Zeta函数$Z(s)=0$的所有非平凡的解都在一条垂直直线上。
- 杨-Mills理论和质量缺口假设。量子杨-Mills理论和质量缺口假设是大多数基本粒子物理的基础。这一问题是希望给杨-Mills理论和质量缺口假设一个严格的数学证明。
- Navier-Stokes方程。纳维-斯托克斯(Navier-Stokes)方程是用来描述流体运动的偏微分方程。这一问题是指纳维-斯托克斯方程是否存在满足某些给定条件的解。
- BSD猜想。代数方程的整数解是数学最古老的问题之一。1970年马蒂雅谢维奇(Yu.V. Matiyasevich)证明不存在一般的方法确定代数方程是否有整数解。BSD猜想是指一类特殊方程有理数解的个数可以由相应Zeta函数刻画。

6.3 数学的交叉与应用

加强数学与自然科学其他学科、工程技术和社会科学的交叉研究，不仅可以推动这些学科的发展，同时可以提炼出新的重大数学问题来刺激数学本身的发展。研究重点包括：重要的数学物理方程，复杂系统的多尺度建模、计算与高性能科学计算软件平台，随机复杂结构与数据科学的理论与方法，机器智能与数学机械化，生命科学中的数学方法，管理科学中的数学方法。

6.3.1 重要的数学物理方程

由于物理学与数学与生俱来的密切关系，决定了数学物理必然是数学中重要而活跃的领域。微分方程是联系数学与实际问题的桥梁。许多重要的现象，都可用数学物理方程组来描述，如流体运动可用Navier-Stokes方程来描述，在超导研究中也出现了Ginzburg-Landau方程等。在给定初边值时各类问题解的存在性及其他性质的研究是偏微分方程的中心课题，也是实际问题对数学提出的要求。需要对一些重要偏微分方程解的存在性、适定性、多解性、解随时间的演化等进行广泛而深入的研究，解决理论研究和实际应用中出现的挑战性问题。

动力系统既与微分方程有密切联系，又是一个独立分支。它不仅涉及群论、微分流形、函数论、离散数学等一系列数学分支，又在自然科学的其他领域有广泛的应用。动力系统包括微分动力系统、复动力系统、拓扑动力系统、Hamilton系统与随机动力系统等。

近年来，随着对天体物理中黑洞和中子星研究的深入，而由此引出了广义相对论研究中许多具有挑战性的问题。这包括广义相对论中若干重要问题如宇宙监督假设，正能定理的推广与致密星体（如黑洞和中子星）演化相关的数学和高性能计算问题。量子场论中若干重要问题；Kac-Moody超代数的量子化及相关问题；Calogero-Sutherland模型研究；重要数学物理方程如Einstein方程、Dirac方程和Yang-Mills方程等；超弦理论中的Ads/CFT猜想和各种对偶性。

研究重点包括：

1) 重要的数学物理方程

对一些重要的数学物理方程组，如非线性双曲型守恒律组和Navier-Stokes方程、非线性Schrödinger方程、超导研究中的Ginzburg-Landau方程等进行研究。开展偏微分方程与其他学科的交叉研究，如在图像处理中出现大量的偏微分方程。这些方程都具有强非线性和强间断性，是奇异的。将对这些重要方程解的存在性、适定性、多解性、解随时间的演化等进行广泛而深入的研究，不断解决理论研究和实际应用中出现的新的具有挑战性的问题。

2) 偏微分方程反问题

偏微分方程反问题对于科学与工程中许多领域都具有本质而且日益增加的重要意义，比如医学图像、雷达、遥感、地球勘探、非损伤探测等。这些问题通常都是不适定的，因而它的求解方法对噪音高度敏感。此外，反问题的高度非线性性和非凸性也提出了新的数学与计算问题。研究目的是发展新的有效数值方法，并用来解决科学与工程中的实际问题，如医学图像、雷达、遥感以及光学元器件的最优设计等问题。

3) 引力理论和相对论中的若干重要方程

研究广义相对论、引力理论和量子场论中若干重要问题，如宇宙监督假设，正能定理的推广，致密星体（如黑洞和中子星）演化相关的数学和高性能计算问题。这些问题涉及大量的非线性微分方程，如Einstein方程、Dirac方程和Yang-Mills方程等。希望通过数学物理和偏微分方程两方面的研究人员的交叉合作，解决其中一些有重大意义的问题。

4) 数值广义相对论

在星系的形成与演化过程中，普遍认为星系中心存在几百万个太阳质量以上的超大质量黑洞。星系生长的主要原因之一是星系碰撞。星系碰撞必然导致星系中心的黑洞碰撞。要了解黑洞碰撞所产生的剧烈天文现象，必须求解广义相对论两体问题的爱因斯坦方程。由于爱因斯坦方程是一组高度非线性，结构复杂的双曲偏微方程组，不允许利用近似和对称性的方程组求解，只能借用超级计算机模拟，即数值广义相对论。数值广义相对论是广义相对论研究的一个新兴方向，在近十年才发展起来，有一系列重要研究问题。研究求解两体问题爱因斯坦方程的数值计算方法并开发程序，利用程序研究双黑洞融合的动力学过程及其反冲问题。反冲会导致宇宙中高速运动黑洞的产生，具有重要的天文意义。研究标量场与引力场耦合系统，建立广义相对论约束方程的求解程序。对标量场的研究有助于理解物质与引力耦合的系统，为中子星的数值研究打下基础。研究流体与引力耦合的系统，逐步建立流体演化的程序。利用数值计算回答天文学的实际问题，例如黑洞的自旋能到多大，黑洞自旋增加的过程等。研究带有电磁场的流体与引力的耦合系统。这种系统是宇宙中最普遍的系统。因为任何物质在强引力作用下都变成磁流体。这种系统能量的转化具有非常丰富的物理内涵。比如说伽马射线爆就属于这类系统。

6.3.2 复杂系统的多尺度建模、计算与高性能科学计算软件平台

科学计算是伴随着电子计算机的出现而迅速发展并获得广泛应用的新兴交叉学科，是数学及计算机实现其在高科技领域应用的必不可少的纽带和工具。计算与理论及实验一起已成为当今世界科学活动的主要方式。随着百万、千万亿次超级计算机系统研制计划的推进，今天先进的科学计算工具第一次能够对复杂系统在各种现实条件下的性态和行为进行精确的模拟和预测，这为人类在新的规模和新的尺度上发现自然规律、进行高度复杂的工程设计提供了前所未有的机遇。如何高效使用超级高性能计算系统的能力，对算法和软件的研究提出了巨大的挑战。

随着我国国民经济的快速发展和创新型国家建设的推进，可以预见，我国高新科技领域对高性能计算应用软件的需求将越来越迫切。我们应面向科学计算的学科国际前沿，以解决国家安全、环境、信息、材料、生命各领域中关键性的重要计算问题为具体目标，重点研究如何克服问题中存在的非线性、多尺度、多物理、长时间、不适定、复杂区域、高度病态等计算困难，发展适合高性能计算机的高性能并行计算方法及其实现技术，根据材料、化学、生命科学中的应用目标，发展系统的多尺度计算方法和工具。争取在几个重要方面取得突破，在解决若干实际计算问题的同时也在国际科学计算领域取得重要的一席之地。

研究重点包括：多尺度建模与计算和高性能科学计算软件平台。

1) 多尺度建模与计算

利用数值计算研究、预测与调控物质体系的各种热力学和动力学乃至生物学性质，揭示其微观物质机理与宏观材料物性离不开合适的多尺度模型与并行计算软件平台。多尺度模型是

指对不同的时域或不同的物理层次应用不同物理规律所建立的数学模型。多尺度模型不仅要较好地反映物性机理而且也要为有效计算提供必要的基础，从而使多尺度数学建模、计算方法设计以及并行计算软件平台开发成为一个有机整体。在多尺度建模与计算这一整体研究中，计算方法设计是核心。

多尺度建模涉及量子力学、分子动力学以及传统的连续介质力学等不同层次，而多尺度计算要求算法可并行化，需要探索与发展快速有效的第一原理计算方法、探索与建立有效的原子尺度和介观尺度的耦合模型与算法、发展与研究联系微观和宏观的统计力学模型与算法，进而为物质科学乃至生命科学的相关研究提供有效的工具和平台。具体包括：典型分子体系的Schröedinger方程与Dirac方程的合适的等价或近似模型、基于精良波函数理论以及线性/拟线性标度密度泛函理论的电子结构计算的实空间方法、第一原理分子动力学和动态Monte Carlo方法、耦合原子模型和连续介质力学模型的拟连续介质力学方法、处理从生物大分子到细胞不同尺度上的溶剂化作用与扩散反应过程的数学模型和计算方法、线性与非线性奇异特征值问题的多层分解与耦合计算、确定性与随机性微分方程的均匀化与多尺度分析以及高维问题的统计方法与确定性多尺度算法等等。

2) 高性能科学计算软件平台

能充分发挥计算机最大效率的高性能计算方法和实现技术在高性能科学计算软件的研制中无疑处在重要位置。随着百万、千万亿次超级计算机研制计划的推进，对大规模并行算法的设计及并行程序的研制开发提出了越来越高的要求。目前，并行程序设计的难度越来越高，成为制约高性能并行计算机广泛应用的主要瓶颈。另一方面，关系到国家核心竞争力的高性能科学计算软件往往用金钱是无法得到的，必须进行自主开发。应当大力加强具有自主知识产权的“高性能科学计算软件平台”的研究与开发。高性能科学计算软件平台将集成适合当代高性能并行计算系统的高效、可扩展并行计算方法及实现技术，是解决我国当前在高性能计算应用领域所面临的大规模并行计算软件开发难度大、实际效率低下的问题的一条有效途径。高性能科学计算软件平台的开发，将大大加速算法基础研究方面的成果向并行计算软件的转化，促进其在科学与工程计算中的应用，推动高性能计算科学软件在我国的发展。

结构分析有限元软件在工程设计、国防等领域有着重要的应用。目前，我国工程设计中的有限元结构分析主要依赖进口的商业软件，这些软件不但价格昂贵，而且由于西方国家对我国的出口限制以及商业软件本身的局限，其处理能力一般在百万自由度以下，只能满足普通工程应用的需要，而用于如国防等领域中的一些尖端设备的分析则远远不够。我们应研制适合大规模并行计算机的、具有完全自主知识产权的结构分析并行自适应有限元软件。该软件将具有处理上亿自由度的大型复杂结构的能力，能够适应具有数千个以上处理器(核)的国产高性能并行计算机，并且将集成科学计算领域近年发展起来的先进的网格自适应技术和高效求解器。同时，运用该软件，针对国防和国民经济中的工程设计问题开展应用，在国产高性能计算机上完成一批高显示度的大型复杂结构的计算与分析，推进高性能计算机在结构分析领域的应用。

现代科学技术的许多重要领域，如气象、水利、船舶、飞行器、叶轮机械、核电站、武器和天体物理等，都和流体力学有关。在《国家中长期科学和技术发展规划纲要(2006—2020年)》中，确立了“大飞机”重大专项和“航空航天重大力学问题”等基础研究方向，其中涉及流体力学的领域有“气动特性预测方法”和“高温气体热力学”等。这些重大需求需要对流体力学的许多新机理进行研究，建立新的模型和模拟方法。针对现有的商业软件由于商业属性的限制以及在计算模型、计算精度和计算效率等方面的不足，不能用于国家在流体力学领域的重大需求的现状，我们应研制“流体力学高精度自适应并行计算平台”，该软件平台将基于高精度谱元/DG/Godunov方法/紧致差分等离散方法，能够模拟绕三维复杂外形、不可压/亚跨超声速无黏/黏性外流场，能处理化学反应流和多介质流，具有三维非结构网格自适应加密和大规模并行计算功能。

6.3.3 随机复杂结构与数据科学的理论与方法

随机复杂结构与数据在经济金融、信息科学、生命科学和工程技术等领域广泛存在。对随机复杂结构的形成和运行机制的理解，以及随机复杂数据间相互关系的识别与分析，需要发展新的基础理论框架和提出新的分析方法。特别是，近些年来与之相关的研究课题已成为许多科学和工程技术领域面临的共同挑战，并日益受到国际学术界的重视。

随机复杂结构与数据科学的一个经典范例是资产的定价与风险度量。这是经济金融领域长期以来普遍受关注的重大问题，20世纪70年代以前近百年来一直未得到解决。1972年Black和Scholes认识到，可以用随机微分方程这样的随机复杂结构来理解资产定价与风险度量内在的形成和运行机制，并提出了著名的Black-Schole公式，创造性地解决了资产定价和风险度量问题，成为1997年诺贝尔经济奖获得者。然而，识别Black-Schole公式中刻画价格风险的因子，需要对价格变动过程积累的大量随机复杂数据之间的相互关系进行识别与分析。直到1982年Engle才利用时间序列分析理论，创造性地提出ARCH模型，成功地解决了资产定价的风险识别与估计问题，并因此于2003年获诺贝尔经济奖。

随机复杂结构与数据科学的理论与方法在经济金融、信息科学、生命科学和工程技术等领域的应用是未来国际学术界长期高度关注的发展方向。

研究重点包括：

1）经济金融、信息系统、工程技术和生态环境中随机复杂结构的建模与推断

经济金融方面的研究包括：市场中信息不对称下的内部交

易；复杂经济金融环境中核心的随机复杂结构问题(如定价和风险度量等问题)；若干金融衍生工具乃至结构化产品(如具有协整关系多标的资产衍生品与CDO相关产品)的定价理论、计算与估计，以及相应金融风险度量、控制和管理等。信息系统方面的研究包括：海量信息处理及知识挖掘的理论与方法，网络安全中以随机复杂结构为支撑之核心问题的建模与推断；网络搜索引擎设计与分析的理论与方法；软件测试的一般动态数学模型和可靠性评估；不同量子信息度量之间关系的刻画与应用等。工程技术和生态环境方面的研究包括：复杂工业系统的状态监控与故障诊断方法；大型复杂装备系统的可靠性综合评估与验证方法；复杂加工过程的建模、控制与产品质量改进方法；计算机辅助工艺设计与质量控制的建模与推断；复杂生态环境系统中随机结构的建模与数据的统计分析等。

2)生命科学中随机复杂结构的建模与分析

针对功能基因组学、表观遗传学和非编码核糖核酸等生命科学研究对象中关键的随机复杂结构，发展随机分析、随机网络和随机偏微分方程等方法，以及随机复杂数据科学的理论与方法，基于相应的数据库识别与分析这些随机复杂结构。具体包括：生物基因以及蛋白质组的差异和功能预测，非编码区的遗传功能及其与编码基因的关系，基因与蛋白质片段的马氏随机场模型与遗传进化树的构造；纳米医学和纳米生物学中的新的统计理论与方法；生物、医学和流行病学中高维不完全数据的统计理论与推断方法；药物临床活性和药代特征的早期评价和预测网络计算系统设计；以寻找致病基因为目标的基于整个基因组的高效率统计分析方法；对纵向观测的环境数据和重复观测的生物和医学数据进行联合建模，推断环境对疾病的影响等。

3)随机复杂结构与数据科学的基础理论和方法

以经济金融、信息科学、生命科学和工程技术等领域内重要的随机复杂结构为基础，建立若干随机复杂结构与数据的共性理论框架和方法体系，以此来刻画和分析一些具有重要理论和应用价值的随机复杂结构和数据。具体包括：狄氏型、大偏差理论和马氏过程理论；无穷维随机分析理论及其应用；量子态空间的结构、量子信道的可加性猜测、无穷维量子态的纠缠、量子不确定性的数学刻画等；随机网络的构造及特征性质；随机偏微分方程的不变流形理论中若干核心问题；二维和三维随机Navier-Stokes方程的不变测度的存在性及遍历性等问题；随机复杂不完全数据下的统计分析的核心问题；高维数据的降维与建模中的核心问题；复杂多尺度数据下的统计建模理论等。

6.3.4 机器智能与数学机械化

计算机的飞速发展为数学研究提供了有力的工具。以此相关产生了诸如数学机械化、自动推理、符号计算、计算机代数、计算数论、计算群论、计算拓扑、计算复杂性等新兴学科，推动了数学的发展。一批重要的数学问题借助计算机得以解决，例如已有数百年历史的“Kepler猜想”，“四色问题”借助计算机得以证明。另一方面，数学是自然科学与高科技定量化的理论基础。为了解决相关学科中出现的理论问题，发展高效的计算方法是必然的趋势。在这方面，最为人熟知的是数值计算。但很多重要的应用领域如自动推理、理论物理、编码与密码、硬件与软件的正确性验证都离不开可以给出无误差或误差可控结果的符号计算。实际上，计算机数学软件如Mathematica、Maple已经在科研与工程中得到广泛应用。例如，1999年诺贝尔物理奖得主Veltman的工作大量使用了计算机代数软件，计算数论与计算代数几何是密码学的重要理论基础。

计算机的飞速发展，为人类实现脑力劳动的机械化创造了物质条件。部分实现脑力劳动机械化，使得计算机具有某种智能行为，可使得人们摆脱某些繁琐的甚至是人力难以达到的脑力劳动，将自己的聪明才智集中到更高层次的创新性研究，从而提高知识创新与技术创新的效率。由于数学的基础地位，数学机械化是脑力劳动机械化的重要基础，具有重大的实际意义。

图灵奖获得者D. Knuth断言“计算机科学是关于算法的科学”，而离散数学是算法设计的基础。实际上，大部分数学分支都被用于算法设计与分析。例如，数论与代数几何被用于密码设计与分析，微分方程与代数几何被用于计算机图形学，概率论与图论被用于网络算法等。加快发展相关的数学理论对我国软件产业的发展具有深远意义。

研究重点为：实现数学的重要分支的机械化，推进数学的发展，针对信息领域的关键技术发展高效的算法。

1) 数学机械化

研究数论、代数、代数几何、拓扑学、微分几何、微分方程等重要数学分支的数学机械化理论与高效算法。方程求解广泛出现在信息技术中，针对信息领域中出现的关键方程类型，包括有限域方程、差分方程、差微方程、非交换方程、实代数方程，系统地建立和发展相应的构造性理论，发展方程求解与机器证明的高效符号算法，包括代数算法、不变量算法、混合算法、并行算法、近似算法、量子算法。众所周知，数值计算中的误差积累超出一定程度就会导致计算结果质的变化，从而导致实际工程的失误甚至灾难。研究如何将符号与数值计算方法结合，发展误差可控的高可信算法，并针对一些关键的应用问题给出具体的实施算法与软件具有重大的实际意义。

2) 计算理论

研究计算理论的核心问题：NP难问题的确定算法、近似算法、随机算法与量子算法。研究新型计算模型中的某些理论和应用问题，包括，量子信息论、量子计算模型、量子程序设计等。

3) 若干信息技术的核心算法

与信息安全有关的密码算法、密码协议和密码分析方法、安全多方计算的数学基础；研究新一代密码的代数攻击方法，探讨能构造新的密码体制的数学难题。与虚拟现实有关的数学方法，包括模式识别、几何建模中新的数学工具。与制造信息化有关的算法，包括计算机辅助设计、数控系统、极限制造等领域中的数学算法。针对网络搜索的高效算法。研究知识工程和知识科学中的理论和应用问题，包括知识的数学理论、知识本体理论和操作技术、特定领域的知识分析技术、知件技术和理论以及知件在软件需求建模中的应用。

6.3.5　生命科学中的数学方法

这里所指的生命科学概念包括生物学、医学和药物学，以及与生命科学有关的生态、环境、材料、能源等有关分支。所有这些研究领域遇到的问题都是传统数学不能完全解决的问题。挑战主要集中在对系统描述的复杂性(高维数、高度的非线性性、未知的真实结构)、计算复杂性(时间和空间复杂度、总体解或总体极值解)以及数据采集和分析、建模的复杂性(高误差、高成本、建模的多样性)。

数学科学在20世纪中期开始和生命科学产生交叉，产生了许多新的应用数学分支，例如遗传算法/规划、人工神经网络、进化类方法等。这些算法对应于当时生命科学发展的阶段，以单个基因或局部结构来试图注解生物体的机制，是由生命过程启发而得的算法。其本质类似于“仿生学”的思路，将这些算法应用到经济、工程和管理上，而不是用于解决生物学本身的问题。

数学与生命科学产生新的交叉是在20世纪末21世纪初生命科学进入到崭新的发展阶段时出现的。其特征和标志性发展是：高通量生物实验技术和数据测试方法的涌现；大型公共数据库的广泛建立；研究蓝图从基因组学发展到蛋白组学、代谢组学。这种新的数学分支可以称为“生命系统数学”。它具有全新的模型和方法论，其关键是描述了生命系统的主要属性并直接去解决生命系统中的问题。

达到这一目的的路线图是发展一系列结合信息科学即冠以后缀“-informatics”和结合系统科学，即前缀“systems-”的数学、计算机科学和生命科学的交叉学科，例如，

(1) bio-informatics（生物信息学）；systems biology（系

统生物学）

（2）eco-informatics（生态信息学）；systems ecology（系统生态学）

我们以“生物信息学”和“系统生物学”为例来说明这些新的分支有密切结合生命科学的研究内容和不同于传统数学的方法论，并说明沿着这些路线图可能发生的科学问题。我们将会看到，由生物信息学到系统生物学，研究的对象越来越接近了生命系统的本质。

1) 生物信息学中的数学

生物信息学是伴随着20世纪90年代的“人类基因组计划”以及随后的其他许多物种全基因组DNA序列测序的进行而发展起来的。一些典型的问题包括：基因的识别；蛋白质结构和功能的预测；对一个群体中的DNA序列的差异(称为多态性，基于单个核苷酸上的差异称为单核苷酸多态性)和表型的关联性研究；及非编码区生命信息的挖掘等。

这一时期的生物信息学采用了大量应用数学的传统理论和方法，如统计方法、动态规划、图论、马氏过程、人工神经网络、非线性能量极小化模型等用于进行序列比对、蛋白质结构预测、单体型推断等等。传统方法遇到的挑战是海量数据和高度非线性性。这部分研究工作还远远没有完成，例如蛋白质结构和功能的预测。

2) 基因组学中的数学

基于基因组学、蛋白组学和代谢组学的系统生物学研究亦称为后基因组时代的生物信息学研究，或统称为基于“-omics”的系统生物学研究。这些研究的指导思想是：不是单个基因(蛋白)，而是一组基因、蛋白以及环境因素的相互作用产生了各种不同的生命现象和功能，如高矮、胖瘦和对某些疾病的敏感性。

网络成为这一研究的基本工具，所以也称为“网络生物学”，许多生物网络具有幂律性质、小世界性质和其他不同于传统随机网络的性质，对这些网络的静态结构(如motif、community 或 module)和动态演化的研究以及进而对生命系统机制的解释才刚刚开始。

由于生物在进化过程中的自然择优性，最优化原则和模型成为研究中可选的原始框架，但数学家和计算机科学家将遇到高度非线性和求得总体极值的挑战。

一大类数学上的逆问题出现在分析和集成不同来源、不完全、高噪声和高错误率的生物数据来推断或重建生物分子网络及生物模型结构的过程中。主要的挑战是如何最优利用稀少数据和误差数据。例如，由远远少于动力系统维数的时间观察点上得到的数据来精确推断动力系统的结构。

总之，这一阶段的数学工具需要数学与系统科学研究者在传统理论和方法的基础上进行创新。

3)以人类健康为目的的生物信息学、系统生物学研究、医学和药物学的集成

这部分研究包括流行病学研究、新的药物概念和药物设计流程、人类疾病的重新分类和细分、基于基因组信息的疾病诊断，以及遗传疾病的根本治疗。还包括为微生物学对环境和清洁能源的贡献。

这部分数学工具的研究着重于蛋白质三维结构的分析、基于网络概念的药物靶点最优化设计，以及与生态学研究相结合的微生物功能研究。这些全新的问题对数学与系统科学研究人员提供了莫大的机会，现在很难简单描述主要的数学工具。

6.3.6 管理科学中的数学方法

管理科学运用定量方法研究人类对各种资源的运用、筹划活动的基本规律，以便发挥有限资源的最大效益，达到总体优化的目标。

在基础理论方面，我们将主要研究：数学规划理论、凸分析与变分理论、网络流理论、排队论、系统可靠性理论、不确定性决策理论、马氏决策理论、对策论、组合优化、随机网络和知识系统理论。

管理科学的应用范围非常广阔，拟将在以下几个重要方面开展工作：经济系统分析与预测、质量管理、绿色柔性制造系统、物流与全球供应链管理、复杂系统评价、能源与环境管理、突发事件应急管理等。我们应进一步开展运筹学与生命科学、信息科学和技术的交叉学科研究，如解决电子政务、电子商务中出现的新的复杂数学问题，用优化方法解决生命科学中如蛋白质结构预测等高难度问题。

系统管理指将复杂的管理问题看作一个系统，运用系统科学理论和系统工程技术研究有效解决方案。研究重点将针对中国社会经济发展中的重大管理决策问题开展复杂系统管理理论与方法的研究，包括全国粮油棉产量预测、中国进出口贸易预测、国际石油价格波动分析、国际收支预警、金融市场分析与预警、军事装备管理、综合交通运输体系等。

针对各种优化与复杂决策问题研究合适的数学模型；给出相应的理论性质；构造高效的求解算法。发展重点是各类优化问题的模型理论和求解方法。

研究重点包括：

1) 非线性规划理论和方法

研究非线性规划的重要理论问题，设计先进的无约束和约束优化算法，针对大规模问题研究有效的优化模型和求解方法。数字信号处理与通讯中的先进优化算法，重点研究通信问题中当数据是动态收集且受噪声污染的情形的高效方法，研究包括：问题不同表述中隐含凸性的发现与利用，处理模型误差和不精确样本统计时的鲁棒优化技术，数值稳定性和对实时数据的性能评价。

2) 组合优化多项式算法、连续化方法和启发式方法

考察新涌现的组合优化的计算复杂性，对于P问题，设计快

速有效的多项式算法；对于NP困难问题，研究连续化技巧将组合优化问题松弛，采用先进的内点算法求解连续问题和寻求有效的近似归整化方法；研究新的分支定界方法，和新的启发式算法；研究组合优化在计算机辅助集成电路版图设计中的应用。

3) 网络环境下的决策理论与方法

研究多个供应商和多个零售商的供应链协调管理模型；网络环境下的综合集成物流系统的建模、理论与方法；网络环境下的群决策理论与在线谈判的数学理论与方法；网络环境下的组合对策的理论与方法。

4) 随机模型的优化与设计

针对供应链与物流管理中的实际问题，着重研究动态的、随机的复杂网络模型，使其模型数学上可解。但更重要的是使其数学模型能保持原有实际问题的本质。

6.4 复杂系统探索

系统科学是研究复杂系统基本规律的综合性交叉科学，其基本任务是探索复杂性、寻找复杂系统中蕴涵的基本科学规律、探讨影响或改变系统行为的基本方法，是当今世界科学发展的前沿之一。复杂系统科学或称复杂性科学主要研究复杂系统由微观层次上各子系统之间的相互作用所导致的宏观层次上的系统结构与行为。它涉及自然科学、工程科学、经济学、管理学和人文与社会科学等各个领域，可概括为自然界演化过程中形成的复杂系统、社会复杂系统、工程复杂系统等。复杂系统的研究目前仍处在一个关键的发展时期，重大挑战与机遇并存。复杂系统研究的实质性进展，将会有力推动许多重要科学问题的解决。目前在国际上复杂系统的研究非常广泛和活跃，几乎涉及人类科技与社会发展的各个领域，触及各学科的前沿与核心。复杂系统的分析、建模、优化、模拟、预测、控制与管理的研究，对我国科学技术与经济社会发展都具有重要意义。近年来，越来越多的不同学科背景的人参与到复杂系统的研究，对复杂系统的了解也从定性到定量越来越深入，并积累了一些经验。

圣菲研究所与复杂系统研究

复杂系统研究起源于20世纪上半叶的一些有关生物有机体系统、一般系统论、神经网络、元胞自动机、控制论、耗散结构以及协同学等方面的研究和论著。20世纪80年代末，在美国新墨西哥州的小镇圣菲成立了一所非盈利研究和教育机构—圣菲研究所，在世界范围内掀起了复杂系统研究的热潮。

以三位诺贝尔奖获得者Murray Gell-mann、Kenneth J. Arrow、Philip W. Anderson、遗传算法之父John Holland教授、经济学家Brian Arthur以及第一任所长Goerge Cowan为代表的一批不同领域的科学家，致力于不同学科之间的深入交流与互相借鉴，试图打破传统还原论的局限和学科之间的界限，在各种不同的复杂系统之间找出共性现象或规律，提出了复杂自适应系统、人工生命等概念。圣菲研究所的工作和努力在世界范围内产生了广泛影响。

这是一个“没有围墙的研究所”，为了利于学术交流和保持开放性，研究所的固定研究人员只有十几位，也没有终身职位，但是有一批来自世界各地的外聘教授和各种长期或者短期的访问学者包括访问学生。研究所内也不分科设系，鼓励学科交叉，努力营造平等宽松的学术气氛。注重学术交流，坚持午餐学术报告，不定期讨论会，以及经常举办各种学术研讨会、暑期学校和公众讲座。

圣菲研究所的复杂系统研究已经有二十多年了，在基于代理的建模、适应性、涌现、鲁棒性、网络特性、自组织理论、集体行为、生命起源等方面已经取得了重要进展。虽然对复杂系统研究一直有人提出质疑，但是关注和投身其中的科学家和研究机构却越来越多，可见复杂系统研究及其理念是引人入胜充满魅力的。学科交叉和复杂系统是难以分割的，打破学科边界已经逐步成为科学发展的趋势。

复杂系统研究重点包括：

6.4.1 多个体系统集体行为及其干预与控制

复杂系统往往由大量局部相互作用的简单个体(一般称为

agent)组成。其整体上自发形成的宏观行为称为“集体行为”，例如系统的同步行为、聚集、相变、模式形成、群体智能、时尚潮流等。这些行为都是个体单独存在时所不具备的，只有当大量这样的个体其行为受其“邻居”个体约束与影响的时候才会出现。诺贝尔物理奖得主Philip W. Anderson在20世纪70年代的时候就开始注意这一现象。集体行为成为近年来最受人瞩目的研究领域之一，其研究渗透到各种各样的系统中。目前国际上对“集体行为”的研究还处于起步阶段，研究者都是结合自己的学科领域的具体问题逐步展开，大体上可以分为三类：①给定个体之间的局部相互作用规则，宏观上呈现什么集体行为？例如Vicsek模型的同步性；②给定所期望的宏观集体行为，如何设定个体之间的局部相互作用规则？例如群体智能的设计；③给定个体之间的局部相互作用规则，如何干预控制其宏观上的集体行为？例如“软控制”。

6.4.2 复杂网络系统

网络是描述复杂系统的一种方式，从1998年Watts和Strogatz在*Nature*杂志上发表文章提出小世界(small-world)网络模型后，复杂网络成为了复杂系统的研究热点之一。目前，复杂网络研究的内容主要包括：网络的性质，网络的形成机制，网络上的模型性质，网络的结构稳定性，网络的演化机制，以及网络系统的动力学规律与拓扑结构的关系等问题。

小小世界与复杂网络

几乎每个人都有过这样的经历：在聚会或者公共场合时，本来陌生的两个人通过攀谈后会出乎意料地发现他们认识同一个人，尔后感叹：“这个世界真小呀！”这就是对小世界现象的形象概括。小世界现象最早是来源于“六度分割”的说法，即地球上任何两个人之间大致可以通过不超过六个人联系起来。

最早对小世界现象进行实验研究的是美国的心理学家斯坦利·米

尔格拉姆。他于1967年做了一个连锁信件实验：他给位于内布拉斯加州和堪萨斯州的同意参加实验的志愿者寄去了信件，要求他们将这些信件寄至位于波士顿的两个“目标”之一，寄件人只能将信件寄给他知道名字的人，并使从起始寄件人至目标收件人的链尽可能的短。实验结果是，每封信大约通过5、6个中间人到达目标收件人，这就是六度分割的来历。米尔格拉姆第一次通过实验的方式验证了小世界现象。该研究引起了世人极大的关注。

康奈尔大学的博士研究生Watts与他的导师Strogatz于1999年发表在*Nature*上的题为《“小世界”网络的集体动力学》的开创性论文开启了“小世界”网络理论研究的新篇章。他们将小世界网络的特征定义为：具有大的群聚系数和短的平均路经长度。并且提出了小世界网络模型的生成机制，其基本想法就是将规则图中的边以某个概率进行重新连接。这种看似简单的做法却大大改变了原来网络的性质，使得新生成的网络与现实网络的拓扑性质是吻合的。

小世界网络的研究提示了网络是描述复杂系统中个体相互作用的一种自然而有效的方式，表明个体间相互作用的拓扑结构对系统的功能特性有重要影响。继小世界网络之后，人们又发现了复杂系统中网络的标度无关性。研究者致力于探索复杂网络的拓扑结构和功能的形成机制、演化规律、临界相变和动力学过程。这是一个多学科的交叉研究，从技术到生物直至社会各类复杂系统，比如，对疾病传播网络、耦合振子的同步性、基因调控网络、细胞中的调控网络、城市交通网络、通信网络、大脑神经网络等。这些问题的研究丰富了复杂系统科学以及相应学科的研究。

6.4.3 复杂自适应系统

复杂自适应系统是一类广泛存在的非常重要的复杂系统。该系统由多个个体(或称为子系统)组成，个体与个体之间通过相互作用而相互适应。现实中的许多系统，比如经济系统、生态系统、免疫系统等都是典型的复杂自适应系统。目前，复杂自适应系统的研究还很不成熟，处于概念框架和计算机模拟的阶段，系统而又严格的定量化理论结果尚待产生。多人博弈中的相互适应问题可以作为一个具体研究实例。

6.4.4 复杂系统的建模理论

针对复杂系统的特征，从机理分析、统计实验和先验知识三个角度，研究复杂系统的以控制规律设计为目的的整体建模和模型证实理论及算法。

主要内容包括：复杂系统的机理建模理论，如非线性及时变对象的系统辨识，动态系统的特征和行为的在线提取，系统建模的快速整体优化算法等；复杂系统的随机层次建模；复杂系统的基于统计数据的计算机数值建模；复杂系统的基于知识的建模方法；复杂系统的多层次和多体系模型的集成和交互等。

6.4.5 复杂系统的控制和优化理论

针对复杂系统的不同特征，采用多种数学工具与计算机辅助，研究其控制与优化的理论和算法实现。

主要内容包括：复杂系统随机层面优化理论与控制算法，非线性与分布参数系统的控制理论和方法，混合动态系统的控制与优化，量子系统的控制理论，多自主体系统的设计与控制，新一代航天航空系统中的数学与控制问题。

6.4.6 复杂系统的安全控制理论

从复杂系统控制的安全性和容错性目标出发，考虑复杂的环境干扰因素和部件失效因素，研究可保证复杂系统安全和容错运行的控制器设计理论和方法。

主要内容包括：复杂系统的故障预测和故障诊断的实用算法；复杂系统可靠性分析的理论和实用算法；复杂系统的鲁棒控制理论和方法等。

6.4.7 复杂系统工程与管理

经济和社会发展中的一些重大问题，往往都是复杂系统的问题。这些系统结构复杂、涉及因素众多，并具有较强的不确定性。考虑这些系统的特点，需要针对性地发展系统工程的理论方法与系统管理技术，在解决实际问题为中央和政府有关部门提供决策支持的同时，发展系统科学。

主要内容包括：综合集成的理论和综合集成系统建模，综合集成知识系统理论和支撑技术，复杂系统的预测理论和方法，非线性系统的投入占用产出分析，经济系统分析与经济预警，金融系统工程的理论与方法，网络环境下供应链管理、经济系统复杂性及其政策模拟。

针对面向国家战略需求的基础性和公益性重大问题开展的研究包括：战略资源需求预测、国际市场波动预测、经济与金融预警、风险管理和风险控制、社会安全预警系统，重大工程项目的风险评估与控制等。

参 考 文 献

曹臻, 肖刚. 2007. 超高能中微子天文学实验现状. 现代物理知识.
陈均远. 2000. 寒武纪大爆发和多细胞动物构型方案的起源. 科学, 52(6): 23-28.
从GTL计划看生命科学的发展方向. http://www.biotech.org.cn/news/news/show.php?id=35688.
从大洋探索地心的宏伟计划. http://www.eastsea.gov.cn/Module/Show.aspx?id=2479.
范振刚. 2007. 海底热液口与生命起源. 生命世界, 6: 88-95.
石志伟, 史忠植, 刘曦, 等. 特征捆绑的计算模型. 中国科学C辑.
史忠植. 2006. 智能科学. 北京: 清华大学出版社.
史忠植. 2008. 认知科学. 合肥: 中国科大出版社.
吴家睿. 2009. 从“生命之树”到“生命之网”. 科学, 61(2): 1-2.
邢志忠. 2008. Theoretical Overview of Neutrino Properties: plenary talk given at the 34th International Conference on High Energy Physics (ICHEP 2008), August, 2008. Philadelphia, USA.
熊彼特(J.A.Schumpeter). 1990. 经济发展理论. 北京: 商务印书馆: 68.
杨长根. 2004.中微子振荡实验物理与国家地下实验室建设. 现代物理知识.
杨敬平, 曹巧云, 陈均远, 等. 2006. 早期节肢动物化石对演化发育生物学的启示. 古生物学报, 45(4): 453- 459.
张庆麟. 2005. 追寻生命的起点. 化石, 1: 21-22.
张昀. 1998. 生物进化. 北京: 北京大学出版社.
赵玉芬, 成昌梅, 巨勇. 2006. 生命起源研究具有巨大应用前景. 国际学术动态, 3: 17-15.
中国科学院基础科学局大科学工程与核科学处. 2009.“地下实验室建设构想情况交流会”会议纪要, 2009年2月17日.
125 Science Questions.2005. Science, July 1.
Albrecht. 2006. Report of the dark energy task force. arXiv: astro-ph/0609591.
Anders E. 1996. Evaluating the evidence for past life on Mars. Science, 274(5295): 2119-2121.
Anderson P W. 1972. Science, 177: 393.
Avignone F, et al. 2006. Status and Perspective of Astroparticle Physics in Europe. Astroparticle Physics Roadmap Phase ,I.
Avron J E, et al. 2003. Physics Today, August: 38.
Barton N H, Briggs D E G, et al. 2007. Evolution. New York: Cold Spring Harbor Laboratory Press.
Bourgine P, Johnson J. 2006. Living Roadmap for Complex Systems Science.
Brown, D L, et al. 2008. Applied Mathematics at the US Department of Energy: Past, Present and a View to the Future. Lawrence Livemore National Laboratory.
Cello J, Paul A V, et al. 2002. Chemical Synthesis of Poliovirus cDNA: Generation of Infectious Virus in the Absence of Natural Template. 297: 1016-1018.
Chen J Y, David J B, et al. 2006. Phosphatized Polar Lobe-Forming Embryos from the Precambrian of Southwest China. Science, 312(5780): 1644-1646.
Chen J Y, Dzik J, et al. 1995. A Possible Early Cambrian Chordate. Nature, 377: 720-722.
Chen L, Zhang S, Srinivasan M V. 2003. Global Perception in Small Brains: Topological Pattern Recognition in Honeybees. PNAS, 100(11): 6884-6889.
Chen L. 1982. Topological structure in visual perception. Science, 218: 699-700.

Chen L. 2005. The Topological Approach to Perceptual Organization. Visual Cognition, 12: 553-637.

Cynthia L H, Thomas C K. 2002. Hox genes and the evolution of the arthropod body plan. EVOLUTION & DEVELOPMENT, 4(6): 459-499.

David J D, Louis J A, et al. 2003. Focus Paper the NASA Astrobiology Roadmap. ASTROBIOLOGY, 3: 219-235.

Dolbow J, Khaleel M A, Mitchell J. 2004. Multiscale Mathematics Initiatives: A Roadmap. US Department of Energy.

Fox S W. 1988. The Emergence of Life: Darwinian Evolution from the Inside. New York: Basic Books.

Fox S W. 1991. Synthesis of Life in the Lab? Defining a Protoliving System. Quarterly Review of Biology of Life, 66(2): 181-185.

Gibson D G, et al. 2008. Complete Chemical Synthesis, Assembly, and Cloning of a Mycoplasma genitalium Genome. Science, 319(5867): 1215-1220.

Gilbert W. 1986. The RNA World. Nature, 319(6055): 618.

Grill L, Rieder K H, et al. 2006. Rolling a Single Molecular Wheel at the Atomic Scale. Nature Nanotechnology, 2: 95-98.

Guo J Z, Guo A K. 2005. Crossmodal Interaction between Olfactory and Bisual Learning in Drosophila. Science, 309: 307-310.

Hanson R, Awschalom D D. 2008. Nature, 453: 1043.

Heckman, et al. 2001. Molecular Evidence for the Early Colonization of Land by Fungi and Plants. Science, 293 (5532): 1129-1133.

Herron, et al. 2009. Triassic Origin and Early Radiation of Multicellular Volvocine Algae. Proceedings of the National Academy of Sciences, 106(9): 3254-3258.

Kruger K, Grabowski P J, et al. 1982. Self-splicing RNA: Autoexcision and Autocyclization of the Ribosomal RNA Intervening Sequence of Tetrahymena. Cell, 31(1): 147-157.

Kvenvolden K, Lawless J, et al. 1970. Evidence for Extraterrestrial Amino-acids and Hydrocarbons in the Murchison Meteorite. Nature, 228(5275): 923-926.

Lartigue C, Glass J I, et al. 2007. Genome Transplantation in Bacteria: Changing One Species to Another. 317: 632-638.

Leiviska K. 2004. Smart Adaptive Systems: State-of-the-art and Challenging New Applications and Research Areas. EUNITE Roadmap.

Li Y, Liu T, Peng Y Q, et al. 2004. Particular Roles of Drosophila Amyloid Precursor-like Protein in the Development of Nervous and Non-nervous System. J. Neurobiol, 61: 343-358.

Liu G, Seiler H, Wen A, et al. 2006. Distinct Memory Traces for Two Visual Features in the Drosophila Brain. Nature, 439: 551-556.

Luo H, Ni J T, Li Z H, et al. 2006. Opposite Patterns of Hemisphere Dominance for Early Auditory Processing of Lexical Tones and Consonants. PNAS, 103: 19558-19563.

Margulis L. 1970. Origin of Eukaryotic Cells. New Haven : Yale University Press.

Martin W. 2003. On the Origins of Cells: a Hypothesis for the Evolutionary Transitions from Abiotic Geochemistry to Chemoautotrophic Prokaryotes, and from Prokaryotes to Nucleated Cells. Philosophical Transactions of the Royal Society of London, 358(1429): 59-85.

Mathematics: Giving Industry the Edge, An Industrial Roadmap for Mathematics and Computing. 2002. Smith Institute for Industrial Mathematics and Systems Engineering.

McCarthy J. 2005. The Future of AI-A Manifesto. AI Magazine, 26(4): 39.

Millennium Problems of the Clay Mathematics Institute. http://www.claymath.org/ millennium/.

Miller S L. 1953. A Production of Amino-acids under Possible Primitive Earth Conditions. Science, 117(3046): 528-529.

Mojzsis S J, Arrhenius G, et al. 1996. Evidence for Life on Earth before 3, 800 Million Years Ago. Nature, 384: 55-59.

Mojzsis S J, et al. 2002 . Origin and Significance of Archean Quartzose Rocks at Akilia, Greenland. Science, 298: 917a.

National Research Council. 2006. Controlling the Quantum World. Committee on AMO2010:National Academies Press.

Nayak C, et al. 2008. Rev. Mod. Phys., 80: 1083.

Qi X L, Zhang S C. 2010. Physics Today, January: 34.

Rugar D, et al. 2004. Nature, 430: 329.

Schopf J W. 1993. Microfossils of the Early Archean Apex Chert: New Evidence of the Antiquity of Life. Science, 260: 640-646.

Sheref S M, Jason P S, et al. 2008. Template-directed Synthesis of a Genetic Polymer in a Model Protocell. Nature, 454: 122-125.

Shi Z. 2006. On Intelligence Science and Recent Progresses. IEEE ICCI, 16.

Shu D, Luo H, et al. 1999. Early Cambrian Vertebrates from South China. Nature, 402: 42-46.

Smale S. 1998. Mathematical Problems for the Next Century. Mathematical Intelligencer, 20(2): 7-15.

Smith H O, Hutchison C A, et al. 2003. Generating a Synthetic Genome by Whole Genome Assembly: {phi}X174 Bacteriophage from Synthetic Oligonucleotides. 100: 15440-15445.

Sun J, Zheng N, Shum H. 2003. Stereo Matching Using Belief propagation. IEEE Trans. PAMI, 25: 787-800.

Synthetic Biology: Scope, Applications and Implications. The Royal Academy of Engineering, 2009, 5. http://www.raeng.org.uk/news/publications/list/reports/Synthetic_biology.pdf.

Szathmary E, Smith J M. 1995. The Major Evolutionary Transitions. Nature, 374(6519): 227-232.

Tang S M, Guo A K. 2001. Choice Behavior of Drosophila Facing Contradictory Visual Cues. Science, 294: 1543-1547.

Tang S, Wolf R, Xu S, Heisenberg M. 2004. Visual Pattern Recognition in Drosophila is Invariant for Retinal Position. Science, 305: 1020-1022.

The French Roadmap for Complex Systems. March 2008.

U.S. Department of Ehergy. 2007. Directing Matter and Energy: Five Challenges for Science and the Imagination. A Report from the Basic Energy Sciences Advisory Committee, December 20, 2007.

U.S. Department of Energy Office of Science. 2005. DOE Genomics: GTL Roadmap, System Biology for Energy and Environment.

Vincent J J, Martin, Douglas J P, et al. 2003. Engineering a Mevalonate Pathway in Escherichia Coli for Production of Terpenoids. Nature Biotechnology, 21(7):796-802.

Vinh N Q, et al. 2008. PNAS, 105: 10649.

Voigt Lab. http://voigtlab.ucsf.edu/.

Wang J J, Zhou T G, Qiu M L, et al. 1999. Relationship between Ventral Stream for Object Vision and Dorsal Stream for Spatial Vision: an fMRI+ERP Study. HUM BRAIN MAPP, 8: 170-181.

Wang S P, Li Y, Feng C H, et al. 2003. Dissociation of Visual Associative Learning and Motor Learning in Drosophila at Flight Simulator. Behav. Process, 64: 57-70.

Witten G. 2003. Mathematical and Computational Challenges in the Biological Sciences.

Wu S W, et al. 2006. Science, 312: 1362.

Xu S Y, Cang C L, Liu X F, et al. 2006. Thermal Nociception in Adult Drosophila: Behavioral Characterization and the Role of the Painless Gene. Genes, Brain and Behavior, 5(8): 602-613.

Yao H, Li C. 2002. Clustered Organization of Neurons with Similar Extra-receptive Field Property in the Primary Visual Cortex. Neuron, 35: 547-553.

Ye Y Z, Xi W, Peng Y Q, et al. 2004. Long-term, but not Short-term Blockade of Dopamine Release in Drosophila Impairs Orientation. Eur. J. Neurosci, 20: 1001-1007.

Zaug A J, Cech T R. 1986. The Intervening Sequence RNA of Tetrahymena is an Enzyme. Science, 231(4737): 470-475.

Zhang B, Lu H M, Xi W, et al. 2004. Exposure to Hypomagnetic Field Space for Multiple Generations

Causes Amnesia in Drosophila Melanogaster. Neurosci.Lett, 371: 190-195.

zhang K, Guo J Z, Peng Y Q, et al. 2007. Dopamine-Mushroom Body Circuit Regulates Saliency-Based Decision-Making in Drosophila. Science, 316: 1901-1904.

Zhang X, Shu D, et al. 2001. New Sites of Chengjiang Fossils: Crucial Windows on the Cambrian.

Zhou X J, Yuan C Y, Guo A K. 2005. Drosophila Olfactory Response Rhythms Require Clock Genes but Not Pigment Dispersing Factor or Lateral Neurons. J. Biol. Rhythm, 20: 237-245.

Zhuo Y, Zhou T, Rao H, et al. 2003. Contributions of the Visual Ventral Pathway to Long-range Apparent Motion. Science, 299(5605): 417-420.